高等职业教育机电类专业系列教材

UG NX10.0
机电产品三维数字化设计
实例教程

主编　戚春晓

西安电子科技大学出版社

内 容 简 介

本书通过大量实例对 UG NX10.0 环境下的机电产品设计技术进行了全面、系统的介绍。本着实用、够用、好用的原则，本书不是单纯讲解 UG NX 软件命令的操作，而是将多年教学实践及工作经验提炼出来，介绍了大量关于 UG NX 的使用及操作方法与经验，旨在为读者学习 UG NX 提供参考。

全书分为 6 个模块，分别介绍 UG NX 设计基础、草图设计、实体造型设计、曲面设计、装配设计、工程图设计等内容，涵盖了机械产品设计与加工、模具设计与制造以及数控技术所需的 UG NX 操作的基本知识。各章实例丰富，内容由浅入深，层次分明，重点突出，条理清晰。大部分建模案例以二维工程图并附加三维实体图的形式呈现，有利于读者在开始作图前建立合理的建模思路。本书数字资源网址：https://mooc1-1.chaoxing.com/course/212392474.html。

本书可作为本科院校、高职高专院校、相关培训学校机械类及相关专业的教材，也可作为工程技术人员、UG NX 爱好者的学习与参考用书。

图书在版编目(CIP)数据

UG NX10.0 机电产品三维数字化设计实例教程 / 戚春晓主编. —西安：西安电子科技大学出版社，2021.8(2022.1 重印)

ISBN 978-7-5606-6118-6

Ⅰ. ①U⋯ Ⅱ. ①戚⋯ Ⅲ. ①机电设备—工业产品—计算机辅助设计—应用软件—教材 Ⅳ. ①TH122-39

中国版本图书馆 CIP 数据核字(2021)第 134952 号

责任编辑 刘志玲 万晶晶 吴祯娥

出版发行 西安电子科技大学出版社(西安市太白南路 2 号)

电　　话 (029)88202421 88201467 邮　　编 710071

网　　址 www.xduph.com　　　　电子邮箱 xdupfxb001@163.com

经　　销 新华书店

印刷单位 咸阳华盛印务有限责任公司

版　　次 2021 年 8 月第 1 版　　2022 年 1 月第 2 次印刷

开　　本 787 毫米×1092 毫米 1/16 印 张 17.5

字　　数 415 千字

印　　数 501～2500 册

定　　价 45.00 元

ISBN 978 - 7 - 5606 - 6118 - 6 / TH

XDUP 6420001-2

如有印装问题可调换

前　　言

　　UG NX 是当今应用较为广泛、非常具有竞争力的 CAE/CAD/CAM 大型集成软件之一，它囊括了产品设计、零件装配、模具设计、NC 加工、工程图设计、模流分析、自动测量和机构仿真等多种功能。该软件能够改善整体流程，提高流程中每个步骤的效率，广泛应用于航空航天、汽车、通用机械和造船等工业领域。

　　"CAD 技术(UG)"课程是佛山职业技术学院 2013 年院级精品课程。本书作为精品课程建设成果之一，适应高等职业教育的特点，遵循学生职业能力培养的基本规律，以真实的工作任务及其工作过程为依据整合教材内容，精选了具有代表性的 30 多个建模实例，从简单到复杂，从单个知识的运用到综合知识的运用，全面系统地介绍了 UG NX 软件在机电产品设计领域的具体使用方法和操作技巧。

　　本书的最大特点是以项目为依托，注重能力训练，以贴近职业岗位要求、注重职业素质培养为目标。本书作者根据多年的产品设计、产品研发及模具设计经验，把工厂所需与教学实际相结合，把重点放在软件的使用方法和使用技巧方面。书中包含了大量的操作技巧、知识点拓展和丰富的视频讲解内容，读者学习后，可以更加轻松地掌握 UG 设计技巧。

　　本书共 6 大模块，各模块的具体内容如下：

　　模块一介绍 UG NX10.0 的操作界面及基本操作，包括基本命令及工具条的定制、快捷键的设置、鼠标与键盘的使用、图层的使用等内容。

　　模块二介绍草图工具、草图的创建与管理、草图的约束方法和操作等内容，并通过三个草图综合实例详细介绍了草图的具体操作。

　　模块三通过两个实体建模案例介绍 UG NX10.0 的建模功能，包括体素特征、扫掠特征和细节特征等的设计。

　　模块四讲解曲面设计的操作方法，包括创建曲面、编辑曲面的相关操作知识及应用实例。

　　模块五介绍自底向上和自顶向下的装配方法，以及爆炸图的制作，并通过具体实例让读者对装配的流程有进一步的了解。

模块六介绍工程图的参数和预设置、图纸的操作和关联、视图操作及尺寸标注与注释、工程图的导出与 CAD 的导入等。

本书作者都有 10 年以上 UG NX 软件的教学经验，且都曾经在企业使用 UG NX 软件从事过产品设计、模具设计及 UG 数控编程加工。

本书由佛山职业技术学院的戚春晓和中山职业技术学院的黄智编写，参加编写工作的还有佛山职业技术学院的石亚平、陈建平、文学红等。

由于编者水平有限，书中不妥之处在所难免，敬请广大读者多提宝贵意见和建议。

作　者

2021 年 4 月

目　　录

模块一

UG NX 设计基础

　　无论用户学习何种软件，都需要经历从基础到进阶再到精通的过程。本章主要讲述 UG NX10.0 工作环境的设置技巧，包括软件的打开、建模界面的进入、工具条和按钮的设置、快捷键的设置等。通过本章的学习，初学者可对 UG 软件有初步的认识并掌握其基础知识。

◖学习内容及学习目标：

(1) 认识 UG 软件，并了解如何打开 UG 软件。
(2) 了解 UG NX10.0 的常用功能及特点。
(3) 掌握 UG NX10.0 的界面设置，包括工具条和按钮的设置。
(4) 掌握在 UG NX10.0 中打开、保存及关闭文件的操作。
(5) 掌握 UG NX10.0 中常用功能的快捷键设置。

1.1　UG NX10.0 基本界面介绍

　　启动 UG NX10.0 后，会出现如图 1-1 所示的基本环境界面。该版本的 UG NX 采用 Ribbon(带状工具条)功能区型界面，常用的命令没有尽可能多地显示在工具条上，这对于习惯早期版本的用户而言可能不习惯，因此需要将 Ribbon 界面更改为经典界面，可按下述方法进行设置。

　　如图 1-2(a)所示，点击【用户默认设置】，在弹出的对话框中选择【用户界面】→【布局】，在【用户界面环境】中选择【仅经典工具条】选项，如图 1-2(b)所示，点击【确定】，退出【用户默认设置】对话框。退出 UG 软件后重新打开，新建模型文件，此时可以看到界面已修改成经典界面。

图 1-1　基本环境界面

(a) UG 初始界面　　　　　　　　　　(b)【用户默认设置】对话框

图 1-2　设置经典界面

UG NX 是在 Windows 系统下开发的应用程序，其经典用户界面以及许多操作和命令都与 Windows 应用程序非常相似，如图 1-3 所示。UG NX 的工作界面主要包括标题栏、菜单栏、工具条、提示行/状态行、资源条和图形窗口。

菜单栏包含了 NX 软件的所有功能命令。系统将所有的命令及设置选项进行了分类，分别放置在不同的菜单项中，以方便用户查询及使用。

图 1-3　UG NX 的工作界面

UG NX 环境中还包含丰富的操作功能图标，它们按照不同的功能分布在不同的工具图标栏中。每个工具图标栏中的图标按钮都对应着不同的命令，而且图标按钮都以图形的方式直观地表现了该命令的功能。当鼠标指针放在某个图标按钮上时，系统还会显示出该操作功能的名称，这样可以免去用户在菜单中查找命令的工作，更方便用户的使用。

提示行的作用主要是提示用户如何操作。执行每个命令时，系统都会在提示行中显示用户必须执行的动作，或者提示用户下一个动作。状态行主要用来显示系统或图形的当前状态。

1.2　基本命令及工具条的定制

与其他主流 CAD 软件一样，UG NX 也有独立工具条、命令和快捷键。工具条是相关命令的放置位置。直接点击命令条上的相关命令即可执行相关操作。当然，用户也可将常用的命令设置成快捷键，这样在操作使用一个命令时，可以不用点击工具条上的相应命令图标，而使用输入快捷键来完成该命令的相关操作。

由于 UG NX 的功能非常强大，其工具条和命令也非常多，因此不可能将所有的工具条或命令都显示在界面上。当需要使用这些命令或工具条时，定制即可。定制工具条有以下几种方法。

(1) 在已出现工具条的位置单击鼠标右键，然后在弹出的右键菜单中勾选所需要的工具条即可，如图 1-4 所示。

(2) 在菜单栏中选择【工具】→【定制】命令或按快捷键 "Ctrl+1"，弹出【定制】对话框。单击【工具条】选项卡，勾选所需要的工具条，如图 1-5 所示。

图1-4　设置工具条

图1-5　【定制】对话框与【装配】工具条

(3) 点击工具条右侧的小三角符号，如图 1-6 所示，在弹出的命令选项中添加或消隐各种命令。

(4) 一些常用的命令如长方体命令 ⬛ 采用第(3)种方法仍无法加载到工具条中，可采用如下方法进行加载：在菜单栏中选择【工具】→【定制】命令或按快捷键"Ctrl+1"，弹出【定制】对话框，如图 1-7 所示；单击【命令】选项卡，在类别栏中选择【插入】→【设计特征】，右侧出现设计特征菜单中的所有命令，选中长方体 ⬛ 并将它拖到特征工具条的适当位置后放开。

图 1-6　添加或消隐命令

图 1-7　【定制】对话框

（5）选择 UG 功能界面中合适的角色并新建一个自己的角色保存起来，在其他电脑使用该软件的时候可进行调用。进入建模界面后，在界面的资源条中选择【角色】命令，即可弹出角色选择的相关内容，如图 1-8 所示，可根据自己的情况选择适合自己的角色。推荐使用高级角色或者在其基础上新建自己的角色。

图 1-8　【角色】界面

1.3　快捷键的设置

为了提高绘图速度，读者应该学会如何设置快捷键。在菜单栏中选择【工具】→【定制】命令或按快捷键"Ctrl+1"，弹出【定制】对话框，单击【键盘】按钮，弹出【定制键盘】对话框，如图 1-9(a)、(b)所示。

(a)【定制】对话框　　　　　　　　　(b)【定制键盘】对话框

图 1-9　定义快捷键

在【定制键盘】对话框中选择需要设置快捷键的命令，接着输入相应的快捷键，然后单击【指派】按钮即可创建快捷键，如图 1-10 所示。但要保证所设置的快捷键不能相同，否则无效。

图 1-10 设置快捷键的【定制键盘】界面

表 1-1 为 UG NX10.0 常用命令所设置的快捷键，表 1-2 为在任务环境中绘制草图常用快捷键，供读者参考。

表 1-1 UG NX10.0 建模常用快捷键

命令	快捷键	命令	快捷键	命令	快捷键
草图	Alt+S	凸起	O	直线	1
拉伸	X(默认)	拔模	B	基本曲线	2
回旋	R(默认)	变换	Ctrl+T	艺术样条	S(默认)
沿引导线扫掠	Alt+R	镜像特征	Alt+T	点	4
扫掠	Ctrl +R	镜像体	Shift +T	偏置曲线	5
抽壳	K	实例特征	Ctrl+Shift+T	桥接曲线	6
管道	G	偏置面	P	投影曲线	7
圆角	D	偏置曲面	Alt+P	镜像曲线	8
面倒角	Alt+D	拆分体	C	相交曲线	9
软倒圆	Shift +D	修剪体	Alt+C	抽取曲线	0
倒斜角	Ctrl+D	分割面	Shift +C	连接曲线	Alt+1
求和	A	通过曲线组	Alt+ W	规律曲线	Alt+2
求差	Alt+A	通过曲线网格	W	组合投影	Alt+3
求交	Ctrl+A	N 边曲面	N	编辑曲线参数	Alt+4
加厚	J	修剪的片体	T	分割曲线	Alt+5
缝合	F	修剪和延伸	Y	曲线长度	Alt+6
基准平面	H	隐藏	Ctrl+B(默认)	替换面	Alt +H
测量距离	I	反隐藏	Ctrl + Shift +B	删除面	V
图层设置	Ctrl+L(默认)	显示	Ctrl + Shift +K	查看截面	Ctrl+H
移动至图层	Alt+L	移动对象	Ctrl+ Shift +M		

表 1-2　　在任务环境中绘制草图常用快捷键

轮廓	Z(默认)	直线	L(默认)	圆弧	A(默认)
圆	O(默认)	矩形	R(默认)	圆角	F(默认)
多边形	P(默认)	快速修剪	T(默认)	尺寸标注	D(默认)

1.4　鼠标与键盘的使用

1. 鼠标的使用

(1) 左键：单击按钮或选择特征时使用鼠标左键。

(2) 中键(滚轮)：确定操作、放大、缩小或移动时使用鼠标中键。

(3) 右键：在绘图区域中单击鼠标右键，会弹出右键菜单；选择特征并单击鼠标右键，会弹出相应的操作命令。

(4) 中键 + 右键：同时按住鼠标中键和右键，可平移对象。

(5) Ctrl + 左键：当需要在模型树中选择多个特征时，可在键盘上按住 Ctrl+左键进行选择。

(6) Shift + 左键：当需要在模型树中选择多个连续的特征时，可在键盘上按住 Shift+左键。

2. 键盘的使用

当需要设置快捷键或在对话框中输入参数时，都需要使用键盘。另外，当需要删除特征或进行快捷键操作时，也都需要使用键盘。

键盘上的常用功能键的作用如下：

- F5：刷新。
- F6：窗口缩放。
- F7：图形旋转。
- F8：定向于图形最接近的标准视图。
- Home：图形以三角轴测图显示。
- End：图形以等轴测图显示。
- Ctrl + D/Delete：删除。
- Ctrl + Z：取消上一步操作。
- Ctrl + B：隐藏。
- Ctrl + Shift + B：互换显示与隐藏。
- Ctrl + J：改变图形的图层、颜色及线型等。
- Ctrl + Shift + J：预设置图形的图层、颜色及线型等。
- Shift + MB1：取消已选取的某个图形。
- Shift + MB2/MB2 + MB3：平移图形。
- Ctrl + MB2/MB1 + MB2：放大/缩小。

1.5　背景的设置与模型颜色的修改

1. 背景的设置

在界面菜单栏中选择【首选项】→【背景】命令，弹出【编辑背景】对话框。如需要设置背景为"渐变"的状态，则设置着色视图为"渐变"，顶部颜色和底部颜色也可进行相应的修改，如图 1-11(a)所示。如需将背景设置为单一的颜色，则可设置着色视图为"纯色"，并修改普通颜色为所需要的颜色即可，如图 1-11(b)所示。

(a)　"渐变"背景设置界面　　　　　(b)　"纯色"背景设置界面

图 1-11　设置背景

2. 模型颜色的设置

在进行产品设计或模具设计时，经常需要通过修改模型的颜色来区分不同零部件的形状位置关系。首先选择要修改颜色的部件或单个曲面，接着在菜单栏中选择【编辑】→【对象显示】命令，弹出【编辑对象显示】对话框，如图 1-12(a)、(b)所示。

(a)　【编辑对象显示】对话框　　　　(b)　【颜色】对话框

图 1-12　设置部件颜色

　　UG 系统默认"对象显示"命令的快捷键为"Ctrl+J",需要修改部件颜色时,可按"Ctrl+J"组合键弹出对话框,然后选择要修改的部件即可进行修改颜色操作;但如果要修改单个曲面,则需要在选择方式中设置选择类型为"面",接着选择要修改颜色的面,然后按"Ctrl+J"组合键弹出对话框,并修改颜色即可,如图 1-13 所示。

　　在进行模具设计时,为了方便观察模具的结构,常将型腔和型芯的底面设置为透明。其设置方法和修改面的颜色的方法一样:首先选择需要透明的面,接着按"Ctrl+J"组合键,弹出【编辑对象显示】对话框,然后拖动透明度滑条到 100 的位置。结果如图 1-14所示。

图 1-13　设置单个面的颜色　　　　　　图 1-14　设置透明度

1.6　图层的使用

　　UG NX 部件可包含最多 256 个不同的图层。一个层可以包含部件的所有对象,或者部件分布在任意或所有层之间。每个层可以包含任意数目的对象,只受部件所允许的最多对象数目的限制,这种分配方案的目的是有效而方便地组织部件。UG NX 操作对象之前要切换图层,选择菜单【格式】→【图层设置】或按快捷键 "Ctrl + L" 来进行图层设置。图层设置如表 1-3 所示。

表 1-3　图层设置

图层号	图层内容
1～20	实体(Solid Bodies)
21～40	草图(Sketches)
41～60	曲线(Curves)
61～80	基准类特征(Datum)
81～100	片体(Sheet Bodies)
256	建模过程产生的垃圾(Rubbish)

设置工作图层的步骤如下:

(1) 选择菜单【格式】→【图层设置】或按快捷键"Ctrl+L"。

(2) 在【图层设置】对话框中,执行下列操作之一:

① 在工作图层输入框中输入相应的图层号。

② 在名称列上，用鼠标左键双击要设为工作层的图层号。

③ 右键单击要设置的工作图的图层号，然后从弹出的菜单中选择工作。

④ 单击并以高亮显示该层，然后将其设为工作层图标 📄。

将图层设为可选层的步骤如下：

(1) 选择菜单【格式】→【图层设置】或按快捷键"Ctrl+L"。

(2) 在【图层设置】对话框中，执行下列操作之一：

① 在名称列上，选择要设为可选层的图层号旁的复选框。

② 右键单击要设为可选层的图层号，然后从弹出的菜单中选择可选。

③ 单击并以高亮显示该层，然后将其设为可选图标 📄。

查找对象所在的图层的步骤如下：

(1) 选择菜单【格式】→【图层设置】或按快捷键"Ctrl+L"。

(2) 从图形窗口中选择对象。

需注意的是，将相关图层号高亮显示在【图层设置】对话框中的图层/类别树列表中，可以继续在图形窗口中选择其他对象来确定其相关联图层。在关闭【图层设置】对话框前，所有图层号均保持高亮显示，且对象保持选定状态。

将对象移动或复制到其他图层的步骤如下：

(1) 选择菜单【格式】→【图层设置】或按快捷键"Ctrl+L"。

(2) 在【图层设置】对话框中执行下列操作之一：

① 从名称列中选择某一图层。

② 单击鼠标右键，然后在弹出菜单中选择复制到图层或移动到图层。

③ 使用【类选择】对话框来选择要复制或移动到选定图层的对象。

④ 选择确定，即完成复制或移动操作。

从图形窗口中移动或复制到其他图层的步骤如下：

(1) 从图形窗口中选择一个或多个对象。

(2) 在【图层设置】对话框上，用鼠标右键单击要移动或复制对象的目标图层号。

(3) 选择将选定内容复制到图层或将选定内容移动到图层。也可以从【类选择】对话框中继续选择其他对象或取消选择已选定的对象。

(4) 完成选择后，点击【确定】完成复制或移动操作。

模块二

草 图 设 计

　　绘制草图是 UG NX 建模的基础，根据以往的产品设计经验，草图绘制时间会占到 60%～70%，只有掌握好草图的绘制与编辑技巧才能快速进行产品的设计。通过本章知识的学习，读者可以快速掌握和提高绘制草图能力，为后面的学习打下坚实的基础。

▌学习内容及学习目标：

(1) 学会进入草图界面并绘制曲线。

(2) 学会选择合适的草图平面创建草图。

(3) 掌握使用 UG NX10.0 绘制草图常用的基本命令。

(4) 掌握使用 UG NX10.0 绘制草图的基本方法和技巧。

(5) 掌握草图的编辑方法和技巧。

2.1　UG NX 绘制草图 "口诀"

　　本章主要讲述草图曲线的绘制，其绘制思路为：首先分析图形的组成，采用相应的草图曲线工具绘制主要曲线，施加相关几何约束，再标注尺寸，最后生成草图。归结起来，UG NX 绘制草图的口诀为：看到什么画什么，画一段约束一段，先几何约束，再尺寸约束。看到一段圆弧就不要画成直线，否则怎么约束都不可能完全约束。画一段约束一段，约束时先约束相切、重合、点在曲线上等几何约束，最后标注定形和定位尺寸。按照该口诀画草图才能做到事半功倍。

2.2　草图实例 1

　　绘制如图 2-1 所示的草图 1。

图2-1 草图1

绘制草图1的操作步骤如下：

(1) 创建名为"caotu1"的部件并进入建模界面，设置21层作为工作层。

(2) 进入草图界面。选择菜单【插入】→【在任务环境中绘制草图】，直接单击鼠标中键，默认其参数设置以 XC-YC 平面为草图平面。

(3) 点击 按钮，关闭连续自动标注尺寸，使绘图界面更简洁。也可在【草图首选项】→【草图设置】中进行设置，如图2-2所示。还可以在【文件】→【用户默认设置】中设置，如图2-3所示。这里要注意的是三种操作方法的权限不一样：第一种只是对当前的草图进行设置；第二种是对当前的部件进行设置；第三种权限最高，是对 UG NX 系统进行设置。

图2-2 关闭连续自动标注尺寸的方法

图 2-3　关闭连续自动标注尺寸的方法

(4) 绘制圆。按下键盘 "O" 键，在坐标原点绘制圆，按下键盘 "D" 键，标注尺寸 Ø22，如图 2-4 所示。

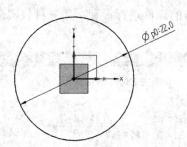

图 2-4　绘制圆

(5) 绘制辅助线。绘制 70 mm 长的辅助中心线，并利用 将该直线转化为参考线，如图 2-5 所示。

图 2-5　绘制辅助线

(6) 绘制圆。在辅助中心线的另一端点绘制 ∅16 mm 的圆，如图 2-6 所示。

(7) 绘制圆弧。按下键盘"A"键，画 R26、R15 圆弧并约束(利用智能约束直接点选要约束的两个对象，然后选择相应的几何约束)，两圆弧分别与 ∅22 mm、∅16 mm 的圆同心，如图 2-7 所示。

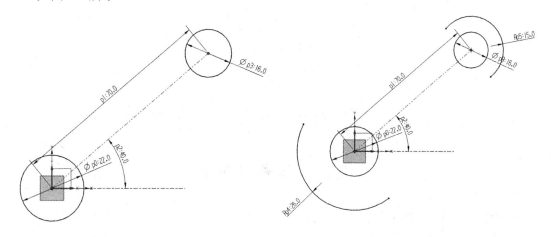

图 2-6　绘制圆　　　　　　　　　　图 2-7　绘制圆弧

(8) 绘制直线。按下"L"键，画与 R26、R15 圆弧相切的直线，在该直线两端点的约束分别和 R26、R15 圆弧相切，如图 2-8 所示。

(9) 倒 R100 圆角，如图 2-9 所示。注意选线顺序，应该先选择或用鼠标滑过 R15 圆弧，再选择或用鼠标滑过 R26 圆弧。当然，也可以直接画出 R100 圆弧，但因要约束和两端圆弧相切，故效率没有倒圆角高。

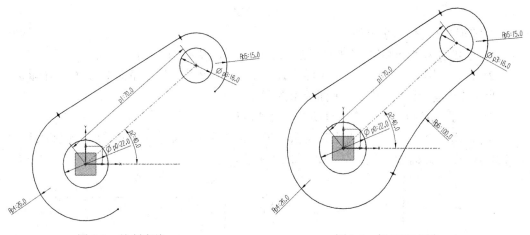

图 2-8　绘制直线　　　　　　　　　　图 2-9　倒 R100 圆角

(10) 按"Ctrl+Q"组合键退出草图模块，退回到建模界面，截面图形如图 2-10 所示，保存文件。

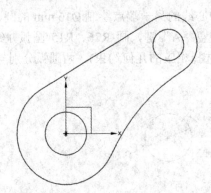

图 2-10　草图 1 完成图

2.3　草图实例 2

截面图形和尺寸如图 2-11 所示。

图 2-11　草图 2

绘制草图 2 的操作步骤如下：

(1) 创建名为"caotu2"的部件并进入建模界面，设置 21 层为工作层。

(2) 进入草图界面。选择菜单【插入】→【在任务环境中绘制草图】，直接单击鼠标中键，默认其参数设置以 XC-YC 平面为草图平面。

(3) 点击 按钮，关闭连续自动标注尺寸，使绘图界面更简洁。

(4) 该模型上下对称，可考虑只画出一半后再镜像。首先按下键盘"L"键画直线，再按下键盘"D"键标注相应尺寸，如图 2-12 所示。

(a) 绘制直线 1　　　　　　　　　　　　(b) 绘制直线 2

(c) 绘制直线 3

图 2-12 绘制直线

(5) 绘制圆弧。按下键盘"A"键画 R15 圆弧，约束其圆心在上一步最后画的直线上，继续画 R12、R50 的圆弧，标注高度为 16，如图 2-13 所示。

(a) 绘制圆弧 1

(b) 绘制圆弧 2

(c) 绘制圆弧 3

图 2-13 绘制圆弧

(6) 绘制圆弧。按下键盘"A"键画 R10 圆弧，约束其一端点和圆心均在 XC 轴上，按下键盘"D"键标注尺寸 p7=90，如图 2-14 所示。

图 2-14　绘制圆弧

(7) 镜像曲线。在草图操作工具条中选择 ⛶ 或按下组合键 "Ctrl+Shift+鼠标右键" 选择 ⛶ 图标，出现【镜像曲线】对话框，要镜像的曲线为已绘制的曲线，中心线为 X 轴，如图 2-15 所示。

图 2-15　镜像曲线

(8) 绘制圆。按下键盘 "O" 键绘制 Ø5 mm 的圆，约束其圆心在 X 轴上，标注尺寸 p8=5、p9=8，如图 2-16 所示。

图 2-16　绘制圆

(9) 按 "Ctrl+Q" 组合键退出草图模块，窗口退回到【建模】界面，截面图形如图 2-17 所示，保存文件。

图 2-17　草图 2 完成图

2.4　草图实例 3

截面图形和尺寸如图 2-18 所示。

图 2-18　草图 3

绘制草图 3 的操作步骤如下：

(1) 创建名为"caotu3"的部件并进入建模界面，设置 21 层为工作层。

(2) 进入草图界面。选择菜单【插入】→【在任务环境中绘制草图】，直接单击鼠标中键，默认其参数设置以 XC-YC 平面为草图平面。

(3) 点击 按钮，关闭连续自动标注尺寸，使绘图界面更简洁。

(4) 绘制圆。按下键盘"O"键绘制两个圆，按下键盘"D"键标注尺寸 p0=91、p1=52，两圆圆心均在坐标原点，如图 2-19 所示。

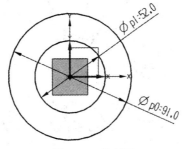

图 2-19　绘制圆

(5) 绘制辅助线。先按下键盘"L"键绘制三条直线，按下键盘"D"键标注角度或长度 p2=34、p3=141、p4=43、p5=27，再按下键盘"A"键绘制圆弧，约束该圆弧和直径 91 的圆弧同心，最后按下键盘"D"键标注半径 p6=122，并利用工具 将该步绘制的直线和圆弧转化为参考线，如图 2-20 所示。

图 2-20　绘制辅助线和圆弧

(6) 绘制圆。按下键盘"O"键，分别在 R122 圆弧与两直线交点及长度为 p3=141 的直线的一端点处绘制圆，按下键盘"D"键标注尺寸 p7=41、p8=23、p9=41、p10=23、p11=51、p12=29，如图 2-21 所示。

图 2-21　绘制圆

(7) 绘制圆弧。按下键盘"A"键绘制与直径为 41 的两圆均相切的圆弧，如图 2-22 所示。

图 2-22　绘制圆弧

(8) 绘制圆弧。按下键盘"A"键绘制与直径为 51、91 的两圆均相切的圆弧，按下键盘"D"键标注两圆弧半径 p13=176、p14=220，如图 2-23 所示。

图 2-23　绘制圆弧

(9) 绘制直线。按下键盘"L"键绘制三条直线，按下键盘"D"键标注尺寸 p15=42、p16=35，如图 2-24 所示。

图 2-24　绘制直线

(10) 绘制中心线。按下键盘"L"键绘制直线，按下键盘"D"键标注角度和尺寸 p17=92、p18=20、p19=75、p20=9，利用工具██将该步绘制的直线转化为参考线，如图 2-25 所示。

图 2-25　绘制中心线

(11) 绘制直线和圆弧。按下键盘"L"键绘制一条竖直直线和一条倾斜直线，约束倾斜直线和上一步绘制的中心线相平行，按下键盘"A"键绘制圆弧，约束其圆心和中心线的一端点重合，按下键盘"D"键标注半径 p21=44，如图 2-26 所示。

图 2-26 绘制直线和圆弧

(12) 绘制直线。按下键盘"L"键绘制直线,约束该直线与 R44 圆弧相切,另一端点位于直径 91 的圆上且与上一步绘制的中心线相平行,如图 2-27 所示。

图 2-27 绘制平行线

(13) 绘制圆弧。按下键盘"A"键绘制圆弧,约束该圆弧与 R44 圆弧同心,再按下键盘"D"键标注半径 p22=16,如图 2-28 所示。

图 2-28　绘制圆弧

(14) 绘制直线。按下键盘"L"键绘制直线，约束该直线与第(10)步绘制的中心线等长且平行，如图 2-29 所示。

图 2-29　绘制直线

(15) 绘制直线和圆弧。参照第(13)、(14)步绘制剩下的圆弧及直线，施加相应的几何约束，如图 2-30 所示。

图 2-30　绘制直线和圆弧

(16) 按"Ctrl+Q"组合键退出草图模块，窗口退回到【建模】界面，截面图形如图 2-31 所示，保存文件。

图 2-31　草图 3 完成图

2.5　草图与曲线综合练习

该模块主要介绍了 UG NX10.0 草图设计与编辑的一般方法和步骤。在绘制草图时应按照草图绘制口诀来画，且尽量使用快捷键及推断式菜单以加快绘制速度。约束草图时尽量使用智能约束，即用左键直接选取要约束的对象，而不要使用约束命令。另外，基准坐标系已提供了三个基准面、三个基准轴、一个点，绘制草图时可以直接选择相应基准元素约束草图，对于与坐标轴重合或平行的辅助线，在绘制草图时都不用画出。图 2-32～图 2-36 是几个草图绘制的综合练习实例，供大家巩固与提高。

图 2-32　草图综合练习 1　　　　　　　　图 2-33　草图综合练习 2

图 2-34　草图综合练习 3

图 2-35　草图综合练习 4

图 2-36 草图综合练习 5

模块三

实体造型设计

　　本模块主要讲述实体模型的创建，包括体素特征、扫掠特征、细节特征等的设计。建模过程可仿真加工过程"开粗→半精加工→精加工"进行建模，即在分析图形组成、读懂图纸的基础上，利用拉伸、旋转等扫掠命令或者使用方块、圆柱、球等体素特征创建实体毛坯，再利用修剪体、拔模等命令对实体毛坯进行"半精加工"，最后在实体上创建各种孔、键槽、壳、圆角、倒角等"精加工"细节特征；先做加材料部分后做减材料部分。对该部分的学习，大家应在理解并掌握各命令操作的基础上，多加练习，才能熟能生巧，实现量变到质变。

▌ 学习内容及学习目标：

　　(1) 掌握在实体造型设计中体素特征、扫掠特征等基本建模工具的应用及操作方法；

　　(2) 掌握在实体模型创建时特征编辑与操作工具的应用和操作方法；

　　(3) 掌握在实体模型创建时细节特征的创建方法和技巧。

3.1　平口虎钳零件设计

3.1.1　底座设计

　　底座工程图如图 3-1 所示。

　　底座工程图的建模步骤如下：

　　(1) 新建文件。选择工具栏中的 [图标]新建 或按下键盘组合键"Ctrl+N"，在出现的【新建】对话框中进行设置：模板选择【模型】，默认单位为毫米，在名称栏中输入"dizuo"，文件夹设置为 E:\pingkouhuqian，单击【确定】按钮或点击鼠标中键退出【新建】对话框。

图 3-1　底座工程图

（2）绘制俯视图草图。按快捷键"Ctrl+L"，在出现的【图层设置】对话框中，设置 21 层为工作层，在工作层中输入 21 后按回车键，再单击鼠标中键退出【图层设置】对话框。选择菜单【插入】→【在任务环境中绘制草图】，直接单击鼠标中键，默认以 XC-YC 平面为草图平面、以 X 轴为水平参考绘制如图 3-2 所示的草图。该草图的外圈轮廓上下左右均对称，外圈轮廓可画四分之一后镜像。

图 3-2　绘制俯视图草图

(3) 创建拉伸特征 1。按快捷键 "Ctrl+L"，在出现的【图层设置】对话框中设置 1 层为工作层，点击特征工具条中的拉伸图标 ▦ 或按快捷键 "X"，曲线规则选择 相连曲线 ▾，拉伸俯视图草图的外轮廓，拉伸方向为+Z 方向，开始距离为 0，结束距离为 12，如图 3-3所示。

图 3-3　创建拉伸特征 1

(4) 创建拉伸特征 2。点击特征工具条中的拉伸图标 ▦ 或按快捷键 "X"，曲线规则选择 相连曲线 ▾，拉伸内侧轮廓，拉伸方向为+Z 方向，开始距离为 0，结束距离为 50，在这里拉伸高度应大于或等于下底座高度，并与上一步拉伸实体求和，如图 3-4 所示。

图 3-4　创建拉伸特征 2

（5）绘制前视图修剪草图。按快捷键"Ctrl+L"，在出现的【图层设置】对话框中，设置 22 层为工作层，选择菜单【插入】→【在任务环境中绘制草图】，选择 XC-ZC 面为草图放置面，建立如图 3-5 所示的草图。

图 3-5 绘制前视图修剪草图

（6）创建拉伸曲面。按快捷键"Ctrl+L"，出现【图层设置】对话框，设置 81 层为工作层，点击特征工具条中的拉伸图标 或按快捷键"X"，曲线规则选择 相连曲线 ▼ ，选取上一步创建的草图曲线，拉伸方向垂直于草绘平面，结束设置为对称值，距离设为62(该距离比圆柱半径大即可)，如图 3-6 所示。

图 3-6 创建拉伸曲面

（7）修剪体。单击特征工具条中的修剪体图标 ，目标选择底座实体，工具选择上一步拉伸生成的片体，点击【确定】按钮或者单击鼠标中键，利用修剪体命令修剪掉底座上半部分材料，如图 3-7 所示。

图 3-7　修剪体

(8) 倒 R8 圆角。点击特征工具条上的边倒圆图标 ⬛，选择如图 3-8 中高亮显示的一条边，设置圆角半径为 8，点击【确定】或单击鼠标中键。

图 3-8　边倒圆

(9) 创建槽特征。点击特征工具条中的拉伸图标 ⬛ 或按快捷键"X"，曲线规则选择 相连曲线 ，并按下相交处停止图标 ⬛，拉伸红色高亮显示轮廓，拉伸方向为+Z 方向，开始值为 16 mm，结束值为 50 mm，并与底座实体求差，如图 3-9 所示。

(10) 创建腔体。选择菜单【插入】→【设计特征】→【腔体】或点击特征工具条上的图标 ⬛，选择底座底面为腔体放置面，水平参考选择+Y 方向，腔体长度为 100，宽度为 14，深度为 6，利用两次线落到线上工定义腔体位置，约束腔体的两条中心线分别和 X、Y 轴重合，如图 3-10 所示。

图 3-9　创建槽特征

图 3-10　创建腔体

　　(11) 打孔。点击特征工具条上的 NX5 版本之前的孔图标，孔的放置面选择前面创建的槽的底面，贯通面选择第(7)步修剪后的圆弧面，定义孔的直径为 8.5，利用点落在线上定义孔圆心在 Y 轴上，再利用垂直定义到 X 轴距离为 33，如图 3-11 所示。

图 3-11　打孔

(12) 镜像孔。选择菜单【插入】→【关联复制】→【镜像特征】，要镜像的特征选择上一步创建的孔，镜像平面为 XC-ZC 面，点击【确定】或单击鼠标中键，如图 3-12 所示。

图 3-12　镜像孔

(13) 倒 R5 圆角。点击特征工具条上的边倒圆图标，选择如图 3-13 所示的四条边线，设置圆角半径为 5，点击【确定】或单击鼠标中键。

图 3-13　倒圆角

(14) 保存文件。按快捷键 "Ctrl+L"，在出现的【图层设置】对话框中，设置第 1 层为工作层，关闭其他图层，单击鼠标中键退出【图层设置】对话框，按快捷键 "Ctrl+S" 保存文件，如图 3-14 所示。

图 3-14　保存文件

3.1.2 动座设计

动座工程图如图 3-15 所示。

图 3-15 动座工程图

动座工程图的设计步骤如下：

(1) 新建文件。选择工具栏中的 ![新建] 或按下键盘组合键"Ctrl+N"，在出现的【新建】对话框中进行设置：模板选择【模型】，默认单位为毫米，在名称栏中输入"dongzuo"，文件夹设置为 E:\pingkouhuqian，单击【确定】按钮或鼠标中键退出对话框。

(2) 绘制前视图草图 1。按快捷键"Ctrl+L"，在出现的【图层设置】对话框中，设置21 层为工作层，在工作图层后输入 21，后按回车键，再单击鼠标中键退出【图层设置】对话框。选择菜单【插入】→【在任务环境中绘制草图】，选择 XC-ZC 平面为草图平面，绘制如图 3-16 所示的草图。

图 3-16 绘制前视图草图 1

(3) 创建拉伸特征。按快捷键 "Ctrl+L"，在出现的【图层设置】对话框中，输入 1 层为工作层并按 "Enter" 键，单机鼠标中键退出【图层设置】对话框，点击特征工具条中的拉伸图标 或按快捷键 "X"，曲线规则选择 相连曲线 ，选择上一步绘制的草图曲线，拉伸方向为+Y 方向，对称拉伸距离为 20，如图 3-17 所示。

图 3-17　创建拉伸特征

(4) 绘制草图 2。按快捷键 "Ctrl+L"，在出现的【图层设置】对话框中，设置 22 层为工作层并按 "Enter" 键，单机鼠标中键退出【图层设置】对话框，选择菜单【插入】→【在任务环境中绘制草图】，在 XC-ZC 面建立草图，如图 3-18 所示。

图 3-18　绘制草图 2

(5) 创建拉伸特征。点击特征工具条中的拉伸图标 或按快捷键 "X"，曲线规则选择 相连曲线 ，并按下相交处停止图标 ，拉伸图 3-19 中高亮显示的截面，对称拉伸距离为 5，并与第(2)步的拉伸实体求和。

图 3-19 创建拉伸特征

(6) 绘制草图 3。按快捷键"Ctrl+L"在出现的【图层设置】对话框中，设置 23 层为工作层并按"Enter"键，单机鼠标中键退出【图层设置】对话框，选择菜单【插入】→【在任务环境中绘制草图】，在 XC-ZC 面建立草图，如图 3-20 所示。

图 3-20 绘制草图 3

(7) 创建拉伸切除特征。点击特征工具条中的拉伸图标 或按快捷键"X"，曲线规则选择 相连曲线，并按下相交处停止图标，拉伸如图 3-21 中高亮显示的截面，起始值为 12，结束值为 20，并与前面创建的实体求差，如图 3-21 所示。

图 3-21　创建拉伸切除特征

(8) 镜像拉伸切除特征。选择菜单【插入】→【关联复制】→【镜像特征】，要镜像的特征选择上一步创建的拉伸切除特征，镜像平面为 XC-ZC 面，点击【确定】或单击鼠标中键，如图 3-22 所示。

图 3-22　镜像拉伸切除特征

(9) 创建槽。点击特征工具条上的键槽图标，类型选择"矩形槽"，选择动座底部平面为键槽放置面，水平参考为+X 轴，定义键槽长度为70，宽度为12，深度为100(深度要足够大，以保证把动座挖穿)，定位时先利用线落到线上工，约束腔体的一条中心线和 X 轴重合，再利用垂直约束另一中心线距放置面的边线距离为35，如图 3-23 所示。

图 3-23　创建槽

(10) 打 Ø26 孔。点击特征工具条上的 NX5 版本之前的孔图标 🖳，孔的放置面选择图 3-24 中的高亮显示面，贯通面选择与之相对的一面，定义孔的直径为 26，利用点落在线上 ⌐ 定义孔圆心在 Z 轴上，再利用垂直 🗷 定义到上边线距离为 15，如图 3-24 所示。

图 3-24　打 Ø26 孔

(11) 打 M6 螺纹孔。点击特征工具条上孔图标 🖳，类型选择螺纹孔，孔方向垂直于面，螺纹大小为 M6×1.0，深度限制为直至下一个，定位尺寸水平方向为 10，垂直方向为 15，如图 3-25 所示。

(12) 倒圆角。点击特征工具条上的边倒圆图标 🗇，选择如图 3-26(a)所示的四条边线，设置圆角半径为 1，单击添加新集按钮 ➕，选择图 3-26(a)所示的两条边，设置圆角半径为 2，点击【确定】或单击鼠标中键。按"F4"键重复使用边倒圆命令，选择如图 3-26(b)所示的两条边线，设置圆角半径为 8，点击【确定】或单击鼠标中键。

图 3-25　打 M6 螺纹孔

(a) 倒 R1、R2 圆角

(b) 倒 R8 圆角

图 3-26 倒圆角

(13) 保存文件。按快捷键 "Ctrl+L"，在出现的【图层设置】对话框中，设置第 1 层为工作层，关闭其他图层，单击鼠标中键退出【图层设置】对话框，按快捷键 "Ctrl+S" 保存文件，如图 3-27 所示。

图 3-27 保存文件

3.1.3 连杆设计

连杆工程图如图 3-28 所示。

连杆工程图的设计步骤如下：

(1) 新建文件。选择工具栏中的 或按下键盘组合键 "Ctrl+N"，在出现的【新建】对话框中：模板选择【模型】，默认单位为毫米，在名称栏输入 "liangan"，文件夹设置为 E:\pingkouhuqian，单击【确定】按钮或鼠标中键退出【新建】对话框。

技术要求

1. 未标注倒角为 C0.5。

2. 连杆厚度为 8mm。

图 3-28　连杆工程图

(2) 绘制草图。按快捷键 "Ctrl+L"，在出现的【图层设置】对话框中，设置 21 层为工作层，然后按回车键，再单击鼠标中键退出【图层设置】对话框。选择菜单【插入】→【在任务环境中绘制草图】，选择 XC-YC 平面为草图平面，绘制如图 3-29 所示的草图。

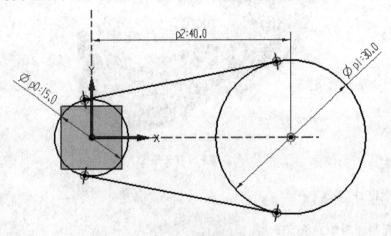

图 3-29　绘制草图

(3) 创建拉伸特征。按快捷键 "Ctrl+L"，在出现的【图层设置】对话框中，设置 1 层为工作层并按 "Enter" 键，单击鼠标中键退出图层设置对话框，点击特征工具条中的拉伸图标 或按快捷键 "X"，曲线规则选择 相连曲线　　　　　　·，并按下相交处停止图标 ，拉伸如图 3-30 所示的高亮显示截面，起始值为 0，结束值为 8，如图 3-30 所示。

图 3-30 创建拉伸特征

(4) 打 M8 螺纹孔。点击特征工具条上的孔图标 🧊，类型选择"螺纹孔"，孔方向垂直于面，螺纹大小为 M8×1.25，深度限制为贯通体，位置选择直径为 15 的圆弧圆心，布尔操作默认为求差，如图 3-31 所示。

图 3-31 打 M8 螺纹孔

(5) 创建腔体。选择菜单【插入】→【设计特征】→【腔体】或点击特征工具条上的图标 🧊，选择连杆上平面为腔体放置面，水平参考选择+X 方向，腔体长度为 11，宽度为 11，深度为 8，拐角半径设为 2，首先利用线落到线上工 定义腔体一中心线与 X 轴重合，再利用垂直 🔗 定义 Y 轴到另一中心线距离为 40，如图 3-32 所示。

图 3-32　创建腔体

(6) 保存文件。按快捷键"Ctrl+L"，在出现的【图层设置】对话框中，设置第 1 层为工作层，关闭其他图层，单击鼠标中键退出【图层设置】对话框，按快捷键"Ctrl+S"保存文件，如图 3-33 所示。

图 3-33　保存文件

3.1.4　手柄设计

手柄工程图如图 3-34 所示。

技术要求

未标注倒角 C0.5。

图 3-34　手柄

手柄工程图的设计步骤如下：

(1) 新建文件。选择工具栏中的 ■ 或按下键盘组合键 "Ctrl+N"，在出现的【新建】对话框中：模板选择【模型】，默认单位为毫米，在名称栏输入 "shoubing"，文件夹设置为 E:\pingkouhuqian，单击【确定】按钮或鼠标中键退出【新建】对话框。

(2) 创建圆柱。点击特征工具条上的圆柱图标 ■，指定矢量为 XC，指定点默认为坐标原点，输入直径为 8，高度为 8，点击【确定】或单击鼠标中键完成圆柱的创建，如图 3-35 所示。

图 3-35　创建圆柱

(3) 创建槽。点击特征工具条上的槽图标 ■，类型选择 "矩形"，输入槽直径为 6，宽度为 3，放置面选择上一步创建圆柱的圆柱面，选择圆柱顶部边线和槽对应一侧的边线，输入距离为 0，单击鼠标中键确定，如图 3-36 所示。

图 3-36　创建槽特征

(4) 创建凸台。点击特征工具条上的圆台图标 ■，输入直径为 12，高度为 3.09，锥角为 0，选择如图 3-37 所示的圆柱顶面为圆台放置面，点击鼠标中键，选择点落在点上 ■ 定位方式，选择放置面上的整圆，然后单击鼠标中键默认以圆弧中心定义圆台位置，如图 3-37 所示。

(5) 绘制回转草图。按快捷键 "Ctrl+L"，在出现的【图层设置】对话框中，设置 21 层为工作层，然后按回车键，再单击鼠标中键退出【图层设置】对话框。选择菜单【插入】→【在任务环境中绘制草图】，选择 XC-YC 平面为草图平面，绘制如图 3-38 所示的回转草图。

图 3-37　创建凸台

图 3-38　绘制回转草图

(6) 创建回转特征。点击特征工具条回转图标 ，选择上一步绘制草图曲线，回转轴选择 **XC** 轴，布尔操作选择"求和"，点击鼠标中键确定，如图 3-39 所示。

图 3-39　创建回转特征

(7) 创建外螺纹。选择菜单【插入】→【设计特征】→【螺纹】，螺纹类型选择"符号"，选择手柄头部圆柱面，点击鼠标中键确定，如图 3-40 所示。

图 3-40 创建外螺纹

(8) 倒斜角。点击特征工具条上的倒斜角图标 ，选择如图 3-41 所示的两条边，输入距离为 0.5，单击鼠标中键确定。

图 3-41 倒斜角

(9) 保存文件。按快捷键"Ctrl+L"，在出现的【图层设置】对话框中，设置第 1 层为工作层，关闭其他图层，单击鼠标中键退出【图层设置】对话框，按快捷键"Ctrl+S"保存文件，如图 3-42 所示。

图 3-42 保存文件

3.1.5 丝杠设计

丝杠工程图如图 3-43 所示。

技术要求

未标注倒角C0.5。

图 3-43　丝杠

丝杠工程图的设计步骤如下：

(1) 新建文件。选择工具栏中的 ![icon] 或按下键盘组合键"Ctrl+N"，在出现的【新建】对话框中：模板选择【模型】，默认单位为毫米，在名称栏输入"sigang"，文件夹设置为 E:\pingkouhuqian，单击【确定】按钮或鼠标中键退出【新建】对话框。

(2) 创建圆柱 1。点击特征工具条上的圆柱图标 ![icon]，指定矢量为 XC，指定点默认为坐标原点，输入直径为 16，高度为 8，点击【确定】或单击鼠标中键完成圆柱的创建，如图 3-44 所示。

图 3-44　创建圆柱 1

(3) 创建圆柱 2。点击特征工具条上的圆柱图标 ，指定矢量为 XC，指定点位于上一步创建的圆柱顶面圆心，输入直径为 16，高度为 9，点击【确定】或单击鼠标中键完成圆柱的创建，如图 3-45 所示。

图 3-45　创建圆柱 2

(4) 倒斜角。点击特征工具条上的倒斜角图标 ，选择如图 3-46 所示的两条边，输入距离为 3，单击鼠标中键确定。

图 3-46　倒斜角

(5) 创建凸台 1。点击特征工具条上的圆台图标 ，输入直径为 22，高度为 63，锥角为 0，选择如图 3-47 所示的圆柱顶面为圆台放置面，点击鼠标中键，选择点落在点上 定位方式，选择放置面上的整圆，单击鼠标中键默认以圆弧中心定义圆台位置，如图 3-47 所示。

图 3-47　创建凸台 1

(6) 创建凸台 2。点击特征工具条上的圆台图标 ，输入直径为 16，高度为 12，锥角为 0，选择如图 3-48 所示的圆柱顶面为圆台放置面，点击鼠标中键，选择点落在点上 定位方式，选择放置面上的整圆，单击鼠标中键默认以圆弧中心定义圆台位置，如图 3-48 所示。

图 3-48　创建凸台 2

(7) 求和。点击特征工具条上的求和图标 ，目标选择步骤(2)创建的体，工具选择后面创建的体，点击鼠标中键确定，如图 3-49 所示。

图 3-49　求和

(8) 创建圆柱 3。点击特征工具条上的圆柱图标 ，指定矢量为 XC，指定点位于第(6)步创建的圆台的顶面圆心，输入直径为 13，高度为 8，点击【确定】或单击鼠标中键完成圆柱创建，如图 3-50 所示。

图 3-50　创建圆柱 3

(9) 绘制草图。按快捷键"Ctrl+L"，在出现的【图层设置】对话框中，设置 21 层为工作层，然后按回车键，再单击鼠标中键退出【图层设置】对话框。选择菜单【插入】→【在任务环境中绘制草图】，选择第(8)步创建的圆柱顶面为草图平面，绘制如图 3-51 所示的草图。

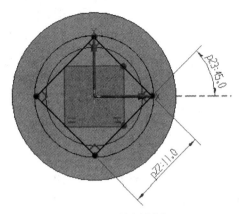

图 3-51　绘制草图

(10) 创建拉伸特征。按快捷键"Ctrl+L"在出现的【图层设置】对话框中，设置 1 层为工作层并按"Enter"键，单击鼠标中键退出【图层设置】对话框，点击特征工具条中的拉伸图标■或按快捷键"X"，曲线规则选择 相连曲线　▾ ，拉伸第(9)步绘制的草图，起始值为 0，结束值为 8，布尔操作选择求交，如图 3-52 所示。

图 3-52　创建拉伸特征

(11) 求和。点击特征工具条上的求和图标■，目标选择图 3-53 中高亮显示的体，工具选择上一步求交的体，点击鼠标中键确定，如图 3-53 所示。

图 3-53　求和

(12) 创建梯形螺纹。选择菜单【插入】→【设计特征】→【螺纹】，螺纹类型选择"详细"，输入螺纹小径为 18.5，长度为 65，螺距为 3，角度为 30，选择直径为 22 的圆柱面，点击鼠标中键确定，如图 3-54(a)、(b)所示。

(a) 螺纹参数　　　　　　　　　　　　　　　　　(b) 完成后的效果

图 3-54　创建梯形螺纹

(13) 倒斜角。点击特征工具条上的倒斜角图标 ，选择如图 3-55 所示的两条边，输入距离为 2，单击鼠标中键确定。

图 3-55　倒斜角

(14) 保存文件。按快捷键"Ctrl+L"，在出现的【图层设置】对话框中，设置第 1 层为工作层，关闭其他图层，单击鼠标中键退出【图层设置】对话框，按快捷键"Ctrl+S"保存文件，如图 3-56 所示。

图 3-56　保存文件

3.1.6　丝杠螺母设计

丝杠螺母工程图如图 3-57 所示。

技术要求

未标注倒角C0.5。

图 3-57　丝杠螺母

丝杠螺母工程图的设计步骤如下：

(1) 新建文件。选择工具栏中的 🗏 或按下键盘组合键 "Ctrl+N"，在出现的【新建】对话框中：模板选择【模型】，默认单位为毫米，在名称栏输入 "siganglaomu"，文件夹设置为 E:\pingkouhuqian，单击【确定】按钮或鼠标中键退出对话框。

(2) 创建圆柱 1。点击特征工具条上的圆柱图标 🛢，指定矢量为 XC，指定点默认为坐标原点，输入直径为 26，高度为 20，点击【确定】或单击鼠标中键完成圆柱创建，如图 3-58 所示。

图 3-58	创建圆柱 1

(3) 打 Ø18.5 孔。点击特征工具条上的 NX5 版本之前的孔图标 🟫，定义孔的直径为 18.5，孔的放置面选择圆柱一底面，贯通面选择圆柱另一底面，点击鼠标中键，选择点落在点上 ✏ 的定位方式，选择放置面上的整圆，单击鼠标中键默认以圆弧中心定义孔位置，如图 3-59 所示。

图 3-59	打 Ø18.5 孔

(4) 创建梯形螺纹。选择菜单【插入】→【设计特征】→【螺纹】，螺纹类型选择 "详细"，输入螺纹大径为 22、长度为 23、螺距为 3、角度为 30，选择上一步打孔圆柱面，点击鼠标中键确定，如图 3-60(a)、(b)所示。

(a) 螺纹参数　　　　　　　　　　　　　(b) 完成后效果

图 3-60　创建梯形螺纹

(5) 创建圆锥。点击特征工具条上的圆锥图标 🔺，指定矢量为 YC，指定点为(10, 0, -13)，输入底部直径为 4，顶部直径为 0，半角为 45，布尔操作选择求差，点击【确定】或单击鼠标中键完成圆锥的创建，如图 3-61 所示。

图 3-61　创建圆锥

(6) 倒斜角。点击特征工具条上倒斜角图标 📐，选择如图 3-62 所示两条边，输入距离为 0.5，单击鼠标中键确定。

图 3-62　倒斜角

(7) 保存文件。按快捷键 "Ctrl+L"，在出现的【图层设置】对话框中，设置第 1 层为工作层，关闭其他图层，单击鼠标中键退出图层设置对话框，按快捷键 "Ctrl+S" 保存文件，如图 3-63 所示。

图 3-63　保存文件

3.1.7　压 块 设 计

压块工程图如图 3-64 所示。

技术要求

未标注倒角C0.5。

图 3-64　压块

压块工程图的设计步骤如下：

(1) 新建文件。选择工具栏中的 ![新建] 或按下键盘组合键"Ctrl+N"，在出现的【新建】对话框中：模板选择【模型】，默认单位为毫米，在名称栏输入"yakuai"，文件夹设置为 E:\pingkouhuqian，单击【确定】按钮或鼠标中键退出对话框。

(2) 绘制草图。按快捷键"Ctrl+L"，在出现图层设置对话框，设置 21 层为工作层，在工作图层后输入 21，然后按回车键，再单击鼠标中键退出图层设置对话框。选择菜单【插入】→【在任务环境中绘制草图】，选择 XC-YC 平面为草图平面，绘制如图 3-65 所示草图。

图 3-65　绘制草图

(3) 创建拉伸特征 1。按快捷键"Ctrl+L"，在出现的【图层设置】对话框中，输入 1 层为工作层按"Enter"键，单机鼠标中键退出【图层设置】对话框，点击特征工具条中的拉伸图标 ![拉伸] 或按快捷键"X"，曲线规则选择 相连曲线 ，并按下相交处停止图标 ![图标]，拉伸如下高亮显示截面，起始值为 0，结束值为 19，如图 3-66 所示。

图 3-66　创建拉伸特征 1

(4) 创建拉伸特征 2。点击特征工具条中的拉伸图标 ![ ] 或按快捷键 "X"，曲线规则选择 ![相连曲线 ▾]，并按下相交处停止图标 ![ ]，拉伸如图 3-67 所示的高亮显示截面，起始值为 0，结束值为 26，与上一步拉伸实体求和，如图 3-67 所示。

图 3-67　创建拉伸特征 2

(5) 创建圆柱。点击特征工具条上的圆柱图标 ![ ]，指定矢量为 Y 轴，指定点设置为 (0，0，40)，输入直径为 80，高度为 100，点击确定或单击鼠标中键完成圆柱创建，如图 3-68 所示。

图 3-68　创建求交圆柱

(6) 求交。点击特征工具条上的求交图标 ![ ]，目标选择第(3)、(4)步创建的实体，工具选择上一步创建的圆柱，点击【确定】或单击鼠标中键，如图 3-69 所示。

(7) 打 Ø8.5 孔。点击特征工具条上的 NX5 版本之前的孔图标 ![ ]，孔的放置面选择下图高亮显示面，贯通面选择与之相对的一面，定义孔的直径为 8.5，利用点落在线上 ![ ] 定义孔圆心在 Z 轴上，再利用垂直 ![ ] 定义到 X 轴距离为 7，如图 3-70 所示。

图 3-69　布尔求交操作

图 3-70　打 Ø8.5 孔

(8) 保存文件。按快捷键"Ctrl+L"，在出现的【图层设置】对话框中，设置第 1 层为工作层，关闭其他图层，单击鼠标中键退出【图层设置】对话框，按快捷键"Ctrl+S"保存文件，如图 3-71 所示。

图 3-71　保存文件

3.2　汽缸零件设计

3.2.1　汽缸设计

汽缸工程图如图 3-72 所示。

图 3-72　汽缸

汽缸设计工程图的建模步骤如下：

(1) 新建文件。选择工具栏中的 新建 或按下键盘组合键 "Ctrl+N"，在出现的【新建】对话框中：模板选择【模型】，默认单位为毫米，在名称栏输入 "qigang"，文件夹设置为 E:\qigang，单击【确定】按钮或鼠标中键退出对话框。

(2) 创建圆柱 1。点击特征工具条上的圆柱图标 ，指定矢量为 ZC，指定点默认为坐标原点，输入直径为 30，高度为 50，点击【确定】或单击鼠标中键完成圆柱创建，如图 3-73 所示。

(3) 创建圆柱 2。按键盘 F4 重复使用创建圆柱命令 ，指定矢量为-YC，指定点设置为(0，0，6)，输入直径为 10，高度为 15，与上一步创建圆柱求和，点击【确定】或单击鼠标中键完成圆柱创建，如图 3-74 所示。

图 3-73　创建圆柱 1

图 3-74　创建圆柱 2

(4) 创建圆柱 3。按键盘 F4 重复使用创建圆柱命令，指定矢量为-YC，指定点设置为(0，0，44)，输入直径为 10，高度为 15，与前面创建实体求和，点击【确定】或单击鼠标中键完成圆柱创建。

(5) 绘制草图。按快捷键"Ctrl+L"，在出现的【图层设置】对话框中，设置 21 层为工作层，在工作图层后输入 21 然后按回车键，再单击鼠标中键退出【图层设置】对话框。选择菜单【插入】→【在任务环境中绘制草图】，选择 XC-ZC 平面为草图平面，绘制如图 3-75 所示的草图。

(6) 创建拉伸特征 1。按快捷键"Ctrl+L"在出现的【图层设置】对话框中，输入 1 层为工作层按"Enter"键，单击鼠标中键退出【图层设置】对话框，点击特征工具条中的拉伸图标或按快捷键"X"，曲线规则选择 相连曲线 ，并按下相交处停止图标，拉伸如图 3-76 中的高亮显示截面，对称拉伸，距离值为 7.5，如图 3-76 所示。

图 3-75　绘制草图

图 3-76　创建拉伸特征 1

(7) 创建拉伸特征 2。点击特征工具条拉伸图标 或按快捷键 "X"，曲线规则选择
相连曲线 ，并按下相交处停止图标 ，拉伸如图 3-77 中的高亮显示截面，对称
拉伸，距离值为 2，与上一步创建的拉伸实体求和，如图 3-77 所示。

图 3-77   创建拉伸特征 2

(8) 求和。点击特征工具条上的求和图标 ![icon]，目标选择"圆柱"，工具选择"拉伸体"，点击鼠标中键确定，如图 3-78 所示。

图 3-78   求和

(9) 倒 R10、R6、R2 圆角。点击特征工具条上的边倒圆图标 ![icon]，选择如图 3-79 所示拉伸特征上两条边，设置圆角半径为 10，分别单击添加新集按钮 ![icon]，选择倒圆角边，设置相应圆角，点击【确定】或单击鼠标中键。

(10) 创建垫块。点击工具条上的垫块图标 ![icon]，类型选择"矩形"，放置面选择实体最高面，水平参考为+Y 轴，长度为 60，宽度为 14，高度为 5，利用两次线落到线上 ![icon] 定义腔体位置，约束垫块的一中心线和 X 轴、垫块一边线和已有拉伸特征一边线分别重合，如图 3-80 所示。

图 3-79　倒圆角

图 3-80　创建垫块

(11) 创建圆柱 4。点击特征工具条上的圆柱图标，指定矢量为+XC，指定点设置上一步创建垫块一边线中点，输入直径为 30，高度为 14，与已有实体求和，点击【确定】或单击鼠标中键完成圆柱创建，如图 3-81 所示。

(12) 修剪体。单击特征工具条上的修剪体图标，目标选择已创建的实体，工具选项选择"新建平面"，选择垫块上表面修建掉上一步创建圆柱上半部分材料，点击【确定】或单击鼠标中键完成圆柱创建，如图 3-82 所示。

图 3-81 创建圆柱 4

图 3-82 修剪体

(13) 镜像特征。选择菜单【插入】→【关联复制】→【镜像特征】，选择要镜像的垫块、圆柱特征，镜像平面为 YC-ZC 面，点击【确定】或单击鼠标中键完成镜像操作，结果如图 3-83 所示。

图 3-83 镜像特征

(14) 打 Ø16 孔。点击特征工具条上的 NX5 版本之前的孔图标🔲，孔的放置面选择一侧修剪后的圆柱顶面，贯通面选择与之相对另一侧圆柱顶面，定义孔的直径为 16，点击鼠标中键，选择点落在点上 ✎ 定位方式，选择放置面上的半圆，单击鼠标中键默认以圆弧中心定义孔位置，如图 3-84 所示。

图 3-84　打 Ø16 孔

(15) 打 Ø20 孔。点击特征工具条上的 NX5 版本之前的孔图标🔲，孔的放置面选择竖直圆柱顶面，贯通面选择竖直圆柱底面，定义孔的直径为 20，点击鼠标中键，选择点落在点上 ✎ 的定位方式，选择放置面上的整圆，单击鼠标中键默认以圆弧中心定义孔位置，如图 3-85 所示。

图 3-85　打 Ø20 孔

(16) 打两 Ø5 孔。点击特征工具条上的孔图标🔲，类型选择"常规孔"，孔方向垂直于面，设置直径为 5，深度限制为"直至下一个"，位置分别选择两个直径为 10 的圆柱顶面圆心，如图 3-86 所示。

图 3-86　打两 Ø5 孔

(17) 打沉头孔。点击特征工具条上的 NX5 版本之前的孔图标 ，孔类型选择沉头孔 ，如图 3-87 所示，选择垫块下底面为沉头孔放置面，垫块顶面为贯通面，设置沉头直径为 11，沉头深度为 1，孔径为 5.5，分别利用垂直 约束孔中心到 X、Y 轴距离分别为 23、25，点击【确定】或单击鼠标中键完成沉头孔创建。

图 3-87　打沉头孔

(18) 阵列沉头孔。点击特征工具条上的阵列特征图标 ，如图 3-88 所示，选择上一步创建的沉头孔为要形成阵列的特征，方向一设定为 Y 方向，数量为 2，节距为 46，方向二设定为 -X 方向，数量为 2，节距为 50，点击【确定】或单击鼠标中键完成阵列特征创建。

图 3-88 阵列沉头孔

(19) 倒 R5 圆角。点击特征工具条上的边倒圆图标 ，选择如图 3-89 所示垫块上的四条边，设置圆角半径为 5，点击【确定】或单击鼠标中键。

图 3-89 倒圆角

(20) 保存文件。按快捷键 "Ctrl+L"，在出现的【图层设置】对话框中，设置第 1 层为工作层，关闭其他图层，单击鼠标中键退出【图层设置】对话框，按快捷键 "Ctrl+S" 保存文件，如图 3-90 所示。

图 3-90 保存文件

3.2.2 带轮设计

带轮工程图如图 3-91 所示。

图 3-91 带轮工程图

带轮工程图的建模步骤如下：

(1) 新建文件。选择工具栏中的 ![新建] 或按下键盘组合键 "Ctrl+N"，在出现的【新建】对话框中进行设置：模板选择【模型】，默认单位为毫米，在名称栏输入 "dailun"，文件夹设置为 E:\qigang，单击【确定】按钮或鼠标中键退出【新建】对话框。

(2) 绘制草图。按快捷键 "Ctrl+L"，在出现的【图层设置】对话框中，设置 21 层为工作层，在工作图层后输入 21 然后按回车键，再单击鼠标中键退出【图层设置】对话框。选择菜单【插入】→【在任务环境中绘制草图】，选择 XC-ZC 平面为草图平面，绘制如图 3-92 所示草图。

图 3-92　绘制草图

(3) 创建回转特征。点击工具条上的回转图标 ，曲线规则选择 相连曲线 ，
选择上一步绘制草图曲线，指定矢量为+X 轴，开始角度为 0，结束角度为 360，单击【确
定】按钮或鼠标中键完成回转特征的创建，如图 3-93 所示。

图 3-93　创建回转特征

(4) 偏置面。选择菜单【插入】→【偏置/缩放】→【偏置面】，选择带轮右侧面，输
入偏置值 0.2，保证右侧面向内侧偏置，单击鼠标中键确定；按"F4"键重复偏置面命令，
选择带轮左侧面，输入偏置值 0.2，保证左侧面向外侧偏置，单击鼠标中键确定，如图
3-94(a)、(b)所示。

(a) 向内偏置右侧面

(b) 向外偏置左侧面

图 3-94　偏置面

(5) 打 Ø10 孔。点击特征工具条上的 NX5 版本之前的孔图标 ，孔的放置面选择图 3-95 中的高亮显示面，贯通面选择与之相对的一面，定义孔的直径为 10，利用点落在线上 定义孔圆心在 Z 轴上，再利用垂直 定义到 Y 轴距离为 16，如图 3-95 所示。

图 3-95　打 Ø10 孔

(6) 阵列孔。点击特征工具条上的阵列特征图标 ，如图 3-96 所示，选择上一步创建的孔为要形成阵列的特征，旋转轴设定为+X 轴，指定点为坐标原点，数量为 5，节距角为 360/5，点击【确定】或单击鼠标中键完成阵列特征的创建。

图 3-96　阵列孔

(7) 打 Ø10 孔。点击特征工具条上的 NX5 版本之前的孔图标，孔的放置面选择带轮中间圆柱面，贯通面选择与之相对的一面，定义孔的直径为 10，选择点落在点上 的定位方式，选择放置面上的整圆，单击鼠标中键默认以圆弧中心定义孔位置，如图 3-97 所示。

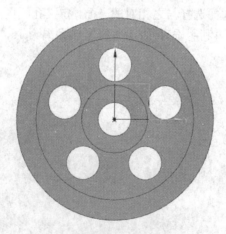

图 3-97　打 Ø10 孔

(8) 创建腔体。选择菜单【插入】→【设计特征】→【腔体】或点击特征工具条上的图标，选择带轮中间圆柱面为放置面，水平参考选择+Z 轴，腔体长度为 6.4，宽度为 3，深度为 14，首先利用线落到线上 定义腔体的一中心线与 Z 轴重合，再利用线落到线上 定义腔体的一边线与 Y 轴重合，如图 3-98 所示。

图 3-98　创建腔体

(9) 倒斜角。点击特征工具条上倒斜角图标，选择如图 3-99 所示 6 条边，输入距离为 1，单击鼠标中键确定。

图 3-99　倒斜角

(10) 保存文件。按快捷键"Ctrl+L"，在出现的【图层设置】对话框中，设置第 1 层为工作层，关闭其他图层，单击鼠标中键退出【图层设置】对话框，按快捷键"Ctrl+S"保存文件，如图 3-100 所示。

图 3-100　保存文件

3.2.3　活塞设计

活塞、键、销子的设计工程图如图 3-101 所示。

图 3-101　键、活塞、销子

活塞工程图的设计建模步骤如下：

(1) 新建文件。选择工具栏中的 ▦ 或按下键盘组合键"Ctrl+N"，在出现的【新建】对话框中进行设置：模板选择【模型】，默认单位为毫米，在名称栏输入"huosai"，文件夹设置为 E:\qigang，单击【确定】按钮或鼠标中键退出【新建】对话框。

(2) 创建圆柱。点击特征工具条上的圆柱图标 ▉，指定矢量为 ZC，指定点默认为坐标原点，输入直径为 20，高度为 15，点击【确定】或单击鼠标中键完成圆柱创建，如图 3-102 所示。

图 3-102　创建圆柱

（3）打 Ø10 孔。点击特征工具条上的图标，选择孔的放置面为圆柱顶面，定义孔的直径为 14，深度为 12，顶锥角为 0，单击鼠标中键后选择点落在点上 ✓ 的定位方式，选择放置面上的整圆，单击鼠标中键默认以圆弧中心定义孔位置，如图 3-103 所示。

图 3-103　打 Ø10 孔

（4）创建槽。点击特征工具条上的槽图标，类型选择"矩形"，输入槽直径为 18，宽度为 1，放置面选择上一步创建圆柱的圆柱面，选择圆柱底部边线和槽对应一侧边线，输入距离为 1，单击鼠标中键确定，如图 3-104 所示。

图 3-104　创建槽

（5）阵列槽。点击特征工具条上的阵列特征图标，如图 3-105 所示，选择上一步创建的槽为要形成阵列的特征，指定矢量为+Z 轴，数量为 3，节距为 2，点击【确定】或单击鼠标中键完成阵列特征创建。

图 3-105　阵列槽

(6) 绘制草图。按快捷键"Ctrl+L"，在出现的【图层设置】对话框中，设置 21 层为工作层，在工作图层后输入 21，然后按回车键，再单击鼠标中键退出【图层设置】对话框。选择菜单【插入】→【在任务环境中绘制草图】，选择 YC-ZC 平面为草图平面，绘制如图 3-106 所示的草图。

图 3-106　绘制草图

(7) 创建拉伸特征。按快捷键"Ctrl+L"，在出现的【图层设置】对话框中，输入 1 层为工作层按"Enter"键，单机鼠标中键退出【图层设置】对话框，点击特征工具条中的拉伸图标 或按快捷键"X"，拉伸上一步绘制的圆，对称拉伸并与圆柱求差，如图 3-107 所示。

图 3-107　创建拉伸特征

(8) 倒 R0.5 圆角。点击特征工具条上的边倒圆图标 ，选择如图 3-108 所示高亮显示边，设置圆角半径为 0.5，点击【确定】或单击鼠标中键。

(9) 保存文件。按快捷键"Ctrl+L"，在出现的【图层设置】对话框中，设置第 1 层为工作层，关闭其他图层，单击鼠标中键退出【图层设置】对话框，按快捷键"Ctrl+S"保存文件，如图 3-109 所示。

图 3-108　倒 R0.5 圆角　　　　　　　　图 3-109　保存文件

3.2.4　平键设计

平键设计的建模步骤如下：

(1) 新建文件。选择工具栏中的 ![新建] 或按下键盘组合键"Ctrl+N"，在出现的【新建】对话框中进行设置，模板选择【模型】，默认单位为毫米，在名称栏输入"jian"，文件夹设置为 E:\qigang，单击【确定】按钮或鼠标中键退出对话框。

(2) 创建方块。点击特征工具条上的块图标 ![块]，类型选择"原点和边长"，指定点默认为坐标原点，长度为 12，宽度为 3，高度为 3，点击【确定】或单击鼠标中键完成方块创建，如图 3-110 所示。

图 3-110　创建方块

(3) 倒 R1.5、R0.25 圆角。点击特征工具条上的边倒圆图标 ![边倒圆]，选择如图 3-111(a)、(b)所示高亮显示边，分别设置圆角半径为 1.5、0.5，点击【确定】或单击鼠标中键。

(a) 倒 R1.5 圆角

(b) 倒 R0.25 圆角

图 3-111　倒圆角

(4) 保存文件。按快捷键"Ctrl+L"，在出现的【图层设置】对话框中，设置第 1 层为工作层，关闭其他图层，单击鼠标中键退出【图层设置】对话框，按快捷键"Ctrl+S"保存文件，如图 3-112 所示。

图 3-112　保存文件

3.2.5 连杆设计

连杆工程图如图 3-113 所示。

图 3-113 连杆工程图

连杆工程图的建模步骤如下：

(1) 新建文件。选择工具栏中的 ![新建] 或按下键盘组合键 "Ctrl+N"，在出现的【新建】对话框中进行设置：模板选择【模型】，默认单位为毫米，在名称栏输入 "liangan"，文件夹设置为 E:\qigang，单击【确定】按钮或鼠标中键退出【新建】对话框。

(2) 绘制草图。按快捷键 "Ctrl+L"，在出现的【图层设置】对话框中，设置 21 层为工作层，在工作图层后输入 21，然后按回车键，再单击鼠标中键退出【图层设置】对话框。选择菜单【插入】→【在任务环境中绘制草图】，点击鼠标中键默认以 XC-YC 平面为草图平面，绘制如图 3-114 所示草图。

图 3-114 绘制草图

(3) 创建拉伸特征。按快捷键 "Ctrl+L"，在出现的【图层设置】对话框中，输入 1 层为工作层按 "Enter" 键，单机鼠标中键退出【图层设置】对话框，点击特征工具条中的图标 ![] 或按快捷键 "X"，选择上一步绘制的草图曲线，拉伸方向为+Z 方向，拉伸开始距离为 0、结束距离为 5，如图 3-115 所示。

图 3-115　创建拉伸特征

(4) 保存文件。按快捷键"Ctrl+L",在出现的【图层设置】对话框中,设置第 1 层为工作层,关闭其他图层,单击鼠标中键退出【图层设置】对话框,按快捷键"Ctrl+S"保存文件,如图 3-116 所示。

图 3-116　保存文件

3.2.6　曲轴设计

曲轴工程图如图 3-117 所示。

图 3-117　曲轴工程图

曲轴工程图的建模步骤如下：

（1）新建文件。选择工具栏中的 或按下键盘组合键"Ctrl+N"，在出现的【新建】对话框中进行设置：模板选择【模型】，默认单位为毫米，在名称栏输入"quzhou"，文件夹设置为 E:\qigang，单击【确定】按钮或鼠标中键退出对话框。

（2）创建圆柱 1。点击特征工具条上的圆柱图标 ，指定矢量为 XC，指定点默认为坐标原点，输入直径为 10，高度为 19，点击【确定】或单击鼠标中键完成圆柱创建，如图 3-118 所示。

图 3-118　创建圆柱 1

（3）创建凸台 1。点击特征工具条上的圆台图标 ，输入直径为 12，高度为 18，锥角为 0，选择如图 3-119 所示的圆柱顶面为圆台放置面，点击鼠标中键，选择点落在点上 的定位方式，选择放置面上的整圆，单击鼠标中键默认以圆弧中心定义圆台位置，如图 3-119 所示。

图 3-119　创建圆台 1

（4）创建凸台 2。按 F4 键重复使用圆台命令 ，输入直径为 13，高度为 8，锥角为 0，选择上一步创建圆台顶面为圆台放置面，点击鼠标中键，选择点落在点上 的定位方式，选择放置面上的整圆，单击鼠标中键默认以圆弧中心定义圆台位置，如图 3-120 所示。

图 3-120　创建圆台 2

(5) 创建圆柱 2。点击特征工具条上的圆柱图标，指定矢量为 XC，指定点设置为上一步创建圆台顶面圆心，输入直径为 32，高度为 4，点击【确定】或单击鼠标中键完成圆柱创建，如图 3-121 所示。

图 3-121　创建圆柱 2

(6) 修剪圆柱。单击特征工具条中的修剪体图标，目标选择上一步创建的圆柱，工具选择 XC-YC 平面，点击【确定】按钮或者单击鼠标中键，利用修剪体命令修剪掉圆柱下半部分材料，如图 3-122 所示。

图 3-122　修剪圆柱

(7) 求和。点击特征工具条上的求和图标，目标选择圆柱及圆台，工具选择修剪后的圆柱，点击鼠标中键确定，如图 3-123 所示。

图 3-123　求和

(8) 创建垫块。点击工具条上的垫块图标，类型选择"矩形"，放置面选择上一步圆柱修剪后的平面，水平参考为+Y 轴，长度为 14，宽度为 4，高度为 17，利用两次线落到线上工定义腔体位置，约束垫块的一中心线和 X 轴、垫块一边线和修剪后圆柱一边线分别重合，如图 3-124 所示。

图 3-124　创建垫块

(9) 倒 R2、R7 圆角。点击特征工具条上的边倒圆图标，选择如图 3-125 所示的四条边线，设置圆角半径为 2，单击添加新集按钮，选择图 3-125 所示两条边，设置圆角半径为 7，点击【确定】或单击鼠标中键。

图 3-125　倒圆角

(10) 创建圆台 3。点击特征工具条上的圆台图标 ⬚，输入直径为 14，高度为 2，锥角为 0，选择垫块上表面为圆台放置面，点击鼠标中键，选择点落在点上 ⬚ 的定位方式，选择放置面上的 R7 半圆，单击鼠标中键默认以圆弧中心定义圆台位置，如图 3-126 所示。

图 3-126　创建圆台 3

(11) 创建圆台 4。按 F4 键重复使用圆台命令 ⬚，输入直径为 10，高度为 8，锥角为 0，选择上一步创建圆台上表面为圆台放置面，点击鼠标中键，选择点落在点上 ⬚ 的定位方式，选择放置面上的整圆，单击鼠标中键默认以圆弧中心定义圆台位置，如图 3-127 所示。

图 3-127　创建圆台 4

(12) 创建圆台 5。按 F4 键重复使用圆台命令 ⬚，输入直径为 14，高度为 2，锥角为 0，选择上一步创建圆台上表面为圆台放置面，点击鼠标中键，选择点落在点上 ⬚ 的定位方式，选择放置面上的整圆，单击鼠标中键默认以圆弧中心定义圆台位置，如图 3-128 所示。

(13) 创建拉伸特征。点击特征工具条中的拉伸图标 ⬚ 或按快捷键"X"，选择如图 3-129 中的高亮显示截面，拉伸方向为+X 方向，拉伸开始距离为 16、结束距离为 20，并和已有的实体求和，如图 3-129 所示。

图 3-128 创建圆台 5

图 3-129 创建拉伸特征

(14) 创建圆台 6。点击特征工具条上的圆台图标 ，输入直径为 13，高度为 8，锥角为 0，选择上一步拉伸体上表面为圆台放置面，点击鼠标中键，选择点落在点上 的定位方式，选择放置面上的半圆，单击鼠标中键默认以圆弧中心定义圆台位置，如图 3-130 所示。

(15) 创建圆台 7。按 F4 键重复使用圆台命令 ，输入直径为 12，高度为 15，锥角为 0，选择上一步创建圆台上表面为圆台放置面，点击鼠标中键，选择点落在点上 的定位方式，选择放置面上的整圆，单击鼠标中键默认以圆弧中心定义圆台位置，如图 3-131 所示。

图 3-130　创建圆台 6

图 3-131　创建圆台 7

(16) 创建方块。点击特征工具条上的块图标，类型选择"原点和边长"，指定点设置为(6.5, -1.5, 0)，长度为 12，宽度为 3，高度为 20，点击【确定】或单击鼠标中键完成方块一创建，如图 3-132 所示。

图 3-132　创建方块

(17) 倒 R1.5 圆角。点击特征工具条上的边倒圆图标，选择如下图所示高亮显示边，设置圆角半径为 1.5，点击【确定】或单击鼠标中键，如图 3-133 所示。

图 3-133　倒 R1.5 圆角

(18) 偏置面。选择菜单【插入】→【偏置/缩放】→【偏置面】，选择方块底面，输入偏置值 3.2，单击鼠标中键确定，如图 3-134 所示。

图 3-134　偏置面

(19) 求差。点击特征工具条上的求差图标 ，目标选择曲轴实体，工具选择方块，点击鼠标中键完成键槽特征创建，如图 3-135 所示。

图 3-135　求差

(20) 倒斜角。点击特征工具条上倒斜角图标 ，选择如下图 3-136 所示一条边，输入距离为 1，单击鼠标中键确定。

图 3-136　倒斜角

　　(21) 保存文件。按快捷键 "Ctrl+L"，在出现的【图层设置】对话框中，设置第 1 层为工作层，关闭其他图层，单击鼠标中键退出【图层设置】对话框，按快捷键 "Ctrl+S" 保存文件，如图 3-137 所示。

图 3-137　保存文件

3.2.7　支架设计

　　支架工程图如图 3-138 所示。

图 3-138　支架

支架工程图的建模步骤如下：

(1) 新建文件。选择工具栏中的 或按下键盘组合键"Ctrl+N"，在出现的【新建】对话框中进行设置：模板选择【模型】，默认单位为毫米，在名称栏输入"zhijia"，文件夹设置为 E:\qigang，单击【确定】按钮或鼠标中键退出【新建】对话框。

(2) 创建方块。点击特征工具条上的块图标 ，类型选择"原点和边长"，指定点设置为(-50，-25，0)，长度为100，宽度为50，高度为10，点击【确定】或单击鼠标中键完成方块创建，如图3-139所示。

图 3-139　创建方块

(3) 创建腔体。选择菜单【插入】→【设计特征】→【腔体】或点击特征工具条上的图标 ，选择上一步创建方块底面为腔体放置面，水平参考选择+X轴，腔体长度为50，宽度为54，深度为3，首先利用线落到线上 定义腔体一中心线与X轴重合，再利用线落到线上 定义腔体另一中心线与Y轴重合，如图3-140所示。

图 3-140　创建腔体

(4) 创建垫块 1。点击工具条上的垫块图标 ，类型选择"矩形"，放置面选择方块顶面，水平参考为+X轴，长度为60，宽度为36，高度为25，利用两次线落到线上 定义腔体位置，约束垫块的一中心线和X轴、垫块另一中心线和Y轴分别重合，如图3-141所示。

(5) 创建垫块 2。按快捷键F4重复使用垫块命令 ，类型选择"矩形"，放置面选择垫块顶面，水平参考为+X轴，长度为60，宽度为64，高度为5，利用两次线落到线上 定义腔体位置，约束垫块的一中心线和X轴、垫块另一中心线和Y轴分别重合，如图3-142所示。

图 3-141　创建垫块 1

图 3-142　创建垫块 2

(6) 创建圆柱 1。点击特征工具条上的圆柱图标▇，指定矢量为+YC，如图 3-143 所示，指定点设置为上一步创建垫块一边线中点，输入直径为 30，高度为 64，布尔设置为"求和"，点击【确定】或单击鼠标中键完成圆柱创建。

图 3-143　创建圆柱 1

(7) 修剪圆柱。单击特征工具条中的修剪体图标▇，目标选择前几步创建的实体，工具选项选择新建平面，指定平面为垫块二顶面，点击【确定】按钮或者单击鼠标中键，利用修剪体命令修剪掉圆柱上半部分材料，如图 3-144 所示。

图 3-144 修剪圆柱

(8) 绘制草图。按快捷键"Ctrl+L"，在出现的【图层设置】对话框中，设置 21 层为工作层，在工作图层后输入 21 然后按回车键，再单击鼠标中键退出【图层设置】对话框。选择菜单【插入】→【在任务环境中绘制草图】，选择 YC-ZC 平面为草图平面，绘制如图 3-145 所示的草图，建议先对半绘制，然后镜像。

图 3-145 绘制草图

(9) 创建拉伸特征。按快捷键"Ctrl+L"，在出现的【图层设置】对话框中，输入 1 层为工作层按"Enter"键，单机鼠标中键退出【图层设置】对话框，点击特征工具条中的拉伸图标 或按快捷键"X"，选择上一步绘制的草图曲线，拉伸方向为+X 方向，对称拉伸距离为 3，并和已创建实体求和，如图 3-146 所示。

(10) 打 Ø16 孔。点击特征工具条上的 NX5 版本之前的孔图标 ，选择孔的放置面为圆柱顶面，贯通面为圆柱底面，定义孔的直径为 16，单击鼠标中键后选择点落在点上 的定位方式，选择放置面上的半圆，单击鼠标中键默认以圆弧中心定义孔位置，如图 3-147 所示。

图 3-146　创建拉伸特征

图 3-147　打 Ø16 孔

(11) 创建圆柱 2。点击特征工具条上的圆柱图标█，指定矢量为+YC，如图 3-148 所示，指定点设置(0,-15,40)，输入直径为 50，高度为 30，和前面创建的实体求差，点击【确定】或单击鼠标中键完成圆柱创建。

图 3-148　创建圆柱 2

(12) 倒 R10、R5 圆角。点击特征工具条上的边倒圆图标 ，选择如图 3-149 所示方块上的四条边，设置圆角半径为 10，分别单击添加新集按钮 ，选择垫块二上四条边，设置相应圆角半径为 5，点击【确定】或单击鼠标中键。

图 3-149 倒圆角

(13) 打沉头孔。点击特征工具条上孔图标 ，类型选择常规孔，指定点为 4 个 R10 圆角圆心，孔方向选择垂直于面，形状选择沉头孔，如图 3-150 所示，选择方块顶面为孔放置面，设置沉头直径为 12，沉头深度为 1，孔径为 6.6，深度限制设置为贯通体，点击【确定】或单击鼠标中键完成沉头孔创建。

图 3-150 打沉头孔

(14) 打 Ø5.3 孔。点击特征工具条上的 NX5 版本之前的孔图标 ，孔的放置面选择垫块二顶面，贯通面选择垫块二底面，定义孔的直径为 5.3，单击鼠标中键，利用垂直 定义到孔心到 X 轴和 Y 轴的距离分别为 25、23，如图 3-151 所示。

图 3-151　打 Ø5.3 孔

(15) 阵列孔。点击特征工具条上的阵列特征图标，如图 3-152 所示，选择上一步创建的孔为要形成阵列的特征，方向一设定为-X 方向，数量为 2，节距为 46，方向二设定为-Y 方向，数量为 2，节距为 50，点击【确定】或单击鼠标中键完成阵列特征创建。

图 3-152　阵列孔

(16) 保存文件。按快捷键"Ctrl+L"，在出现的【图层设置】对话框中，设置第 1 层为工作层，关闭其他图层，单击鼠标中键退出【图层设置】对话框，按快捷键"Ctrl+S"保存文件，如图 3-153 所示。

图 3-153　保存文件

模块四

曲面设计

UG NX10.0 不仅提供了基本的特征建模功能，同时还提供了强大的曲面特征建模及相应的编辑和操作功能，用户可以利用它们完成各种复杂曲面及非规则实体的创建，并进行相关的编辑工作。曲面产品设计的一般步骤是先根据图纸或图片绘制(如果是逆向设计则根据点云绘制)出产品线框模型，然后由线框模型创建曲面，在此过程中可能会遇到三边面、五边面、渐消面等曲面拆分问题，再由曲面生成产品实体，最后处理抽壳、倒圆角、倒角等细节特征。

学习内容及学习目标：

(1) 掌握一般曲面的创建及编辑方法；
(2) 掌握三边面、五边面的拆分技巧；
(3) 掌握片体生成实体的四种常用方法。

4.1 三边面、五边面的拆分

4.1.1 三边面的拆分

问题描述：通过图 4-1 所示的三条边生成一个曲面，并把曲面往内侧加厚 5。在构建图 4-1 中的三边面时因主曲线的首条或最后一条要选择"点"，构出的曲面会在该点出现尖端收敛现象，容易在该点处出问题而无法完成抽壳和加厚操作，因此，必须对此三边面进行拆分，而将三边面转换成四边面是曲面设计中最常见、也是最有效的方法。

三边面的拆分步骤如下：

(1) 创建网格曲面。打开 3_sides.prt 文件，点击曲面工具条上的通过曲线网格命令，选择尖点及相对的曲线为主曲线，选择另外两条曲线为交叉曲线，单击鼠标中键完成曲面特征的创建，如图 4-2 所示。

图 4-1   三边面模型

图 4-2   创建网格曲面

(2) 加厚片体。选择菜单【插入】→【偏置/缩放】→【加厚】，选择上一步创建的
网格曲面，设置厚度为 5，向曲面内侧加厚，单击鼠标中键完成该曲面的加厚，如图 4-3
所示。

图 4-3   加厚片体

(3) 查找加厚出问题的原因。放大加厚实体的尖点位置处，发现该实体在加厚过程中出现了问题，选择菜单【分析】→【最小半径】，勾选【在最小半径处创建点】，选择第一步创建的网格曲面，点击【确定】后出现信息窗口，可发现最小半径位置位于尖点，最小半径值为 0.000 039 088，该值远小于加厚值 5，曲面往内侧加厚时在尖点位置处会自相交，故而出现问题，如图 4-4(a)、(b)所示。

(a) 出问题部位

(b) 最小半径

图 4-4 查找加厚出问题的原因

(4) 绘制圆弧和直线。调整视图方位并按"F8"键，使 ZC 轴正向朝屏幕外，点击曲线工具条上的圆弧图标⤵，绘制如图 4-5 所示的圆弧，使该圆弧大致和已有圆弧同心，点击曲线工具条上的直线图标╱，绘制如图 4-5 所示的直线，使该直线大致经过上一步绘制的圆弧圆心。

图 4-5 绘制圆弧和直线

(5) 修剪片体。点击特征工具条上的修剪片体图标 ✎，选择网格曲面的目标，边界选择上一步绘制的圆弧和直线，投影方向设置为+ZC，单击鼠标中键将网格曲面的尖点部分修剪掉，如图 4-6 所示。

图 4-6   修剪片体

(6) 创建修补的网格曲面。点击曲面工具条上的通过曲线网格命令 ▦，选择图 4-7 中的高亮显示曲线及相对曲线为主曲线，选择另外两条曲线为交叉曲线，将第一条主线串、第一交叉线串设置成和原网格曲面相切约束，单击鼠标中键完成曲面特征的创建，如图 4-7 所示。

图 4-7   创建修补网格曲面

(7) 缝合曲面。选择菜单【插入】→【组合】→【缝合】，目标选择原网格曲面，工具选择修补的网格曲面，单击鼠标中键完成两片体的缝合，如图 4-8 所示。

图 4-8　缝合曲面

（8）检测曲面质量。选择菜单【分析】→【最小半径】，勾选【在最小半径处创建点】，选择第一步创建的网格曲面，点击【确定】后出现【信息】窗口，如图 4-9 所示，可发现最小半径明显大于加厚值 5，不能加厚的问题已解决。

图 4-9　检测曲面质量

（9）再次加厚片体。选择菜单【插入】→【偏置/缩放】→【加厚】，选择拆分后的网格曲面，设置厚度为 5，向曲面内侧加厚，单击鼠标中键完成该曲面的加厚，如图 4-10 所示。

图 4-10　加厚片体

4.1.2　五边面的拆分

问题描述：通过图 4-11 所示的五条边生成一个曲面，要求曲面光顺。很明显，图 4-11 中的五条边中有一个尖角，如果直接用网格面生成曲面，则会在尖角的地方形成褶皱，使曲面不光顺，因而要对此五边面进行拆分。

图 4-11　五边面模型

五边面的拆分方法通常有两种：第一种方法是"圆角过渡"法或"桥接"法，在容易出问题的尖角位置采用圆弧或利用桥接的方法将尖角去掉，再利用网格面生成曲面后将五边面补回；第二种方法是"还原四边面"法，该五边面可以看成是由一个大的四边面被切去一个角后形成的，利用还原后的四条边生成网格面，再对该网格面拆分即可生成符合要求的五边面。

方法一：　"圆角过渡"法或"桥接"法。

(1) 编辑曲线长度。打开 5_sides.prt 文件，选择菜单【编辑】→【曲线】→【长度】，在出现的【曲线长度】对话框中，分别选择图 4-12 所示的两条边，输入开始值为-8，单击鼠标中键完成曲线长度的编辑。

(a)　编辑一边长度

(b) 编辑另一边长度

图 4-12　编辑曲线长度

(2) 桥接曲线。选择菜单【插入】→【派生曲线】→【桥接】，在出现的【桥接曲线】对话框中，按照图 4-13 对编辑后的两曲线作桥接曲线，单击鼠标中键完成曲线的桥接。

图 4-13　桥接曲线

(3) 创建网格曲面。点击曲面工具条上的通过曲线网格命令 ，选择图 4-14 中的高亮显示曲线及相对曲线为主曲线，选择另外两条曲线为交叉曲线，单击鼠标中键完成曲面特征的创建，如图 4-14 所示。

图 4-14 创建网格曲面

(4) 绘制直线。调整视图方位并按"F8"键，使 ZC 轴正向朝屏幕外，点击曲线工具条上的直线图标 ✐，绘制如图 4-15 所示的两直线，绘制时分别选择编辑曲线长度后两曲线的端点，且两直线大致与其相对的曲线相平行。

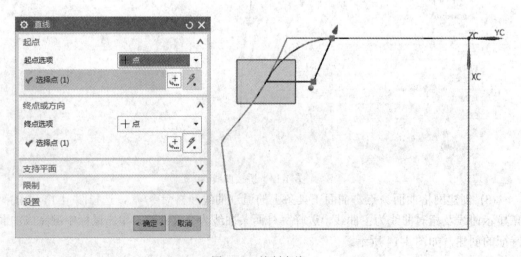

图 4-15 绘制直线

(5) 修剪片体。点击特征工具条上的修剪片体图标 ，选择网格曲面的目标，边界选择上一步绘制的两直线，投影方向设置为+ZC，单击鼠标中键将网格曲面的圆角部分修剪掉，如图 4-16(a)、 (b)所示。

(a) 沿+Z 矢量对片体修剪

(b) 修剪后的片体

图 4-16　修剪片体

(6) 创建修补的网格曲面。点击曲面工具条上的通过曲线网格命令 ，按下相交处停止图标 ，选择图 4-17 中的水平直线及相对曲线为主曲线，选择另外一条曲线及直线为交叉曲线，将第一条主线串、最后交叉线串设置成和原网格曲面相切约束，单击鼠标中键完成曲面特征的创建，如图 4-17 所示。

图 4-17　创建修补的网格曲面

(7) 缝合曲面。选择菜单【插入】→【组合】→【缝合】，目标选择原网格曲面，工具选择修补的网格曲面，单击鼠标中键完成两片体的缝合，如图 4-18 所示。

图 4-18　缝合曲面

(8) 检查片体的光顺性。选择菜单【分析】→【形状】→【反射】，在出现的【面分析-反射】对话框中，选择原网格面及修补的曲面，点击鼠标中键并以斑马线观察该曲面的质量，若斑马线疏密一致，没有不连续的地方，说明该曲面的质量较好，如图 4-19 所示。

图 4-19 片体的斑马线图

方法二："还原四边面"法。

(1) 编辑曲线长度。打开 5_sides.prt 文件，选择菜单【编辑】→【曲线】→【长度】，在出现的【曲线长度】对话框中，选择如图 4-20 所示的高亮显示曲线，输入开始值为 22.5，单击鼠标中键完成曲线长度的编辑。

图 4-20 编辑曲线长度

(2) 绘制艺术样条曲线。点击曲线工具条上的艺术样条图标 ，在出现的【艺术样条】对话框中，如图 4-21 所示，选择上一步延长曲线的端点和已有的五边形曲线，约束一端自由、另一端与已有的五边形曲线 G2 曲率连续。

(3) 创建网格曲面。点击曲面工具条上的通过曲线网格命令 ，选择图 4-22 中的高亮显示曲线及相对曲线为主曲线，选择另外两条曲线为交叉曲线，单击鼠标中键完成曲面特征的创建，如图 4-22 所示。

图 4-21　绘制艺术样条曲线

图 4-22　创建网格曲面

(4) 绘制圆弧。调整视图方位并按"F8"键,使 ZC 轴正向朝屏幕外,点击曲线工具条上的直线图标 ,绘制如图 4-23 所示的圆弧,绘制时尽量使该圆弧与五边形的一曲线同心。

图 4-23　绘制圆弧

(5) 修剪片体。点击特征工具条上的修剪片体图标🗞，选择网格曲面的目标，边界选择上一步绘制的圆弧，投影方向设置为+ZC，单击鼠标中键完成曲面的修剪，如图 4-24(a)、(b)所示。

(a) 沿+Z 矢量对片体修剪

(b) 修剪后的片体

图 4-24　修剪片体

(6) 创建修补的网格曲面。点击曲面工具条上的通过曲线网格命令 ，按下相交处停止图标 ，选择图 4-25 中的高亮显示曲线及相对曲线为主曲线，选择另外两条曲线为交叉曲线，将第一条主线串成和原网格曲面的曲率连续，单击鼠标中键完成曲面特征的创建，如图 4-25 所示。

图 4-25　创建修补的网格曲面

(7) 缝合曲面。选择菜单【插入】→【组合】→【缝合】，目标选择原网格曲面，工具选择修补的网格曲面，单击鼠标中键完成两片体的缝合，如图 4-26 所示。

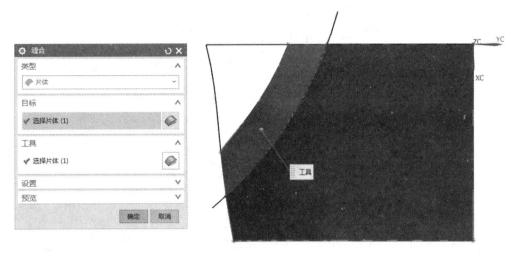

图 4-26　缝合曲面

(8) 检查片体的光顺性。选择菜单【分析】→【形状】→【反射】，在出现的【面分析-反射】对话框中，选择原网格面及修补的曲面，点击鼠标中键并以斑马线观察该曲面的质量，可发现在两曲面相接处斑马线不连续，故对这个模型采用这种方法没有第一种方法做出的曲面的质量好。如图 4-27 所示，使用"圆角过渡"法对该模型进行拆分，拆分后的曲面质量要比使用"还原四边面"法好，但不是所有五边面拆分时均这样，应具体问题具体分析。

图 4-27　片体的斑马线图

4.2　拉手模型设计

拉手模型工程图如图 4-28 所示。

拉手模型工程图的设计步骤如下：

(1) 新建文件。选择工具栏中的 🗋 或按下键盘组合键"Ctrl+N"，在出现的【新建】对话框中进行设置：模板选择【模型】，默认单位为毫米，在名称栏中输入"handle"，文件夹设置为 E:\product design，单击【确定】按钮或鼠标中键退出【新建】对话框。

图 4-28　拉手模型

(2) 绘制俯视图草图。按快捷键"Ctrl+L"，在出现的【图层设置】对话框中进行设置，在工作图层后输入 21，然后按回车键，再单击鼠标中键退出【图层设置】对话框。选择菜单【插入】→【在任务环境中绘制草图】，直接单击鼠标中键，选择 XC-YC 平面为草图平面、X 轴为水平参考，绘制如图 4-29 所示的草图。该草图轮廓的上下左右均对称，因此可画四分之一后再镜像。

图 4-29　俯视图草图

(3) 绘制前视图最大轮廓草图。按快捷键"Ctrl+L"，在出现的【图层设置】对话框中进行设置，在工作图层后输入 22，然后按回车键，再单击鼠标中键退出【图层设置】对话框。选择菜单【插入】→【在任务环境中绘制草图】，选择 XC-ZC 平面为草图平面、X 轴为水平参考，绘制如图 4-30 所示的草图，绘制时先绘制高 20 的辅助线，约束其一端点与上一步绘制草图中的 R3 圆弧端点重合，再绘制 R100 圆弧。该草图左右对称，因此可画一半后再镜像。

图 4-30　前视图最大轮廓草图

(4) 创建组合投影曲线。按快捷键"Ctrl+L"，在出现的【图层设置】对话框中，设置 41 层为工作层，再单击鼠标中键退出【图层设置】对话框，选择菜单【插入】→【派生曲线】→【组合投影】，曲线 1 和曲线 2 分别选择 21、22 层草图曲线，如图 4-31 所示，单击鼠标中键完成组合投影曲线的创建。

图 4-31　创建组合投影曲线

(5) 绘制拉手顶部轮廓草图。按快捷键"Ctrl+L"，在出现的【图层设置】对话框中进行设置，在工作图层后输入 23，然后按回车键，再单击鼠标中键退出【图层设置】对话框。选择菜单【插入】→【在任务环境中绘制草图】，选择 XC-ZC 平面为草图平面、X 轴为水平参考，绘制如图 4-32 所示的草图。该草图左右对称，因此可画一半后再镜像。

图 4-32　拉手顶部轮廓草图

(6) 绘制拉手底部轮廓草图。按快捷键"Ctrl+L"，在出现的【图层设置】对话框中进行设置，在工作图层后输入 24，然后按回车键，再单击鼠标中键退出【图层设置】对话框。选择菜单【插入】→【在任务环境中绘制草图】，选择 XC-ZC 平面为草图平面、X 轴为水平参考，绘制如图 4-33 所示的草图。该草图左右对称，因此可画一半后再镜像。

图 4-33　拉手底部轮廓草图

(7) 绘制拉手 A-A 剖视图轮廓草图。按快捷键 "Ctrl+L"，在出现的【图层设置】对话框中，设置 25 层为工作层，22、23、24 层可选，再单击鼠标中键退出【图层设置】对话框，选择菜单【插入】→【在任务环境中绘制草图】，选择 YC-ZC 平面为草图平面、Y 轴为水平参考，绘制如图 4-34 所示的草图。可先用交点命令 求出绘图平面与 23、24 层草图曲线和 41 层组合投影曲线的交点，然后将草图约束经过这些点。

图 4-34　拉手 A-A 剖视图轮廓草图

(8) 创建拉手上部的网格曲面。按快捷键 "Ctrl+L"，在出现的【图层设置】对话框中，设置 81 层为工作层，23、24、25、41 层可选，再单击鼠标中键退出【图层设置】对话框，点击曲面工具条上的通过曲线网格命令 ，按下相交处停止图标 ，选择主曲线和交叉曲线(主曲线和交叉曲线均有 3 条，且主曲线应避免选点，在这里选的是圆弧)，单击鼠标中键完成拉手上部的网格曲面的创建，如图 4-35 所示。

(9) 建立拉手底部的网格曲面。点击曲面工具条上的通过曲线网格命令 ，按下相交处停止图标 ，选择主曲线和交叉曲线(同上一步，主曲线和交叉曲线均有 3 条，且主曲线应避免选点，在这里选的是圆弧)，单击鼠标中键完成拉手底部的网格曲面的创建，如图 4-36 所示。

图 4-35　创建拉手上部的网格曲面

图 4-36　建立拉手底部的网格曲面

　　(10) 生成拉手实体。按快捷键"Ctrl+L"，在出现的【图层设置】对话框中，设置 1 层为工作层，81 层可选，再单击鼠标中键退出【图层设置】对话框，选择菜单【插入】→【组合】→【缝合】，目标选择拉手上部的网格曲面，工具选择拉手底部的网格曲面，单击鼠标中键完成两片体的缝合，因封闭曲面缝合生成实体，故生成拉手主体部分的实体，如图 4-37 所示。

图 4-37　生成拉手实体

(11) 绘制拉手固定部分草图。按快捷键"Ctrl+L"，在出现的【图层设置】对话框中进行设置，在工作图层后输入 24，然后按回车键，再单击鼠标中键退出【图层设置】对话框。选择菜单【插入】→【在任务环境中绘制草图】，选择 XC-YC 平面为草图平面、X 轴为水平参考，绘制如图 4-38 所示的草图。

图 4-38　拉手固定部分草图

(12) 拉伸固定部分实体。按快捷键"Ctrl+L"，在出现的【图层设置】对话框中进行设置，设置 1 层为工作层，再按回车键，单机鼠标中键退出【图层设置】对话框，点击特征工具条中的拉伸图标 ▦ 或按快捷键"X"，选择上一步绘制的草图曲线，拉伸方向为+Z 方向，对称拉伸距离为 2，如图 4-39 所示。

图 4-39　拉伸固定部分实体

(13) 倒 R2.5 圆角。点击特征工具条上的面倒圆图标 ，选择如图 4-40 所示的拉手底部网格曲面和上一步的拉伸圆柱顶面，设置圆角半径为 2.5，单击鼠标中键完成面倒圆特征的创建。注意：选面时应使箭头均指向倒圆角的圆心一侧；重合曲线选择上一步拉伸圆柱顶面的边缘线。

图 4-40　倒 R2.5 圆角

(14) 打 M4 螺纹孔。点击特征工具条上的孔图标 ，类型选择"螺纹孔"，孔方向垂直于面，设置螺纹大小为 M4×0.7，螺纹深度限制为 6，底孔深为 10，顶锥角为 118，位置选择圆柱底面圆心，如图 4-41 所示。

图 4-41　打 M4 螺纹孔

(15) 镜像特征。选择菜单【插入】→【关联复制】→【镜像特征】，选择拉伸体、面倒圆、螺纹孔三特征为要镜像的特征，镜像平面为 YC-ZC 基准面，单击鼠标中键完成镜像特征操作，如图 4-42 所示。

图 4-42　镜像特征

(16) 保存文件。按快捷键 "Ctrl+L"，在出现的【图层设置】对话框中，设置第 1 层为工作层，关闭其他图层，单击鼠标中键退出【图层设置】对话框，按快捷键 "Ctrl+S" 保存文件，如图 4-43 所示。

图 4-43　保存文件

4.3　飞机模型设计

飞机模型工程图如图 4-44 所示。

飞机模型工程图的设计步骤如下：

(1) 新建文件。选择工具栏中的 或按下键盘组合键 "Ctrl+N"，在出现的【新建】对话框中：模板选择【模型】，默认单位为毫米，在名称栏输入 "airplane"，文件夹设置为 E:\product design，单击【确定】按钮或鼠标中键退出【新建】对话框。

图 4-44　飞机模型

(2) 绘制飞机俯视图轮廓草图。按快捷键"Ctrl+L"，出现【图层设置】对话框，在工作图层后输入 21，然后按回车键，再单击鼠标中键退出【图层设置】对话框。选择菜单【插入】→【在任务环境中绘制草图】，直接单击鼠标中键，默认以 XC-YC 平面为草图平面、X 轴为水平参考，绘制如图 4-45 所示的草图。该草图上下对称，建议对半绘制然后镜像。(注意：绘制草图中虚线以备后面创建基准面用，绘制时约束 p4=15.000 的水平线段与 R150 圆弧相切，且切点在 R150 圆弧上，切点处即为侧视图最大轮廓处。)

图 4-45　飞机俯视图轮廓草图

(3) 绘制飞机前视图草图。按快捷键"Ctrl+L"，出现【图层设置】对话框，在工作图层后输入 22，然后按回车键，再单击鼠标中键退出【图层设置】对话框。选择菜单【插入】→【在任务环境中绘制草图】，选择 XC-ZC 平面为草图平面、X 轴为水平参考，绘制如图 4-46 所示的草图，该草图与 21 层草图建立相关约束。

图 4-46　飞机前视图草图

(4) 创建基准面 1。按快捷键"Ctrl+L"，出现【图层设置】对话框，在工作图层后输入 62，然后按回车键，再单击鼠标中键退出【图层设置】对话框，点击特征工具条上的基准平面图标，类型设置为自动判断，选择 YC-ZC 面及第(2)步草图中的虚线，单击鼠标中键完成基准面的创建，如图 4-47 所示。

图 4-47　基准面 1

(5) 绘制飞机侧视图草图。按快捷键"Ctrl+L"，出现【图层设置】对话框，在工作图层后输入 23，然后按回车键，再单击鼠标中键退出【图层设置】对话框。选择菜单【插入】→【在任务环境中绘制草图】，选择上一步创建基准面为草图平面、Y 轴为水平参考，绘制如图 4-48 所示的草图。(注意：先利用交点命令求出 22 层草图与 62 层基准面的交点，再绘制三点圆弧。)

(6) 创建飞机机身主体网格曲面。按快捷键"Ctrl+L"，在出现的【图层设置】对话框中，设置 81 层为工作层，单击鼠标中键退出【图层设置】对话框，点击曲面工具条上的通过曲线网格命令，按下相交处停止图标，选择主曲线和交叉曲线(主曲线和交叉曲线均有 3 条，且主曲线应避免选点，在这里选的是圆弧)，单击鼠标中键完成飞机机身主体网格曲面的创建，如图 4-49 所示。

图 4-48　飞机侧视图草图

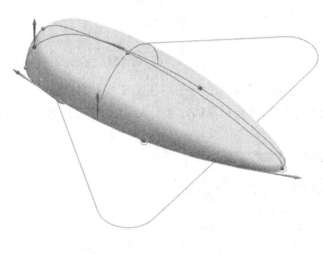

图 4-49　飞机机身主体网格曲面

（7）创建飞机机身主体有界平面。选择菜单【插入】→【曲面】→【有界平面】，选择如图 4-50 所示的高亮显示曲线，单击鼠标中键完成有界平面创建。

图 4-50　飞机机身主体有界平面

(8) 缝合生成机身实体。按快捷键 "Ctrl+L"，在出现的【图层设置】对话框中，设置 1 层为工作层，81 层可选，再单击鼠标中键退出【图层设置】对话框，选择菜单【插入】→【组合】→【缝合】，目标选择机身网格曲面，工具选择机身底部有界平面，单击鼠标中键完成两片体的缝合，生成机身实体，如图 4-51 所示。

图 4-51　生成机身实体

(9) 拉伸机翼实体。点击特征工具条中的拉伸图标 或按快捷键 "X"，以相连曲线选线方式选择 21 层机翼部分草图曲线，拉伸方向为+Z 方向，对称拉伸距离为 5，如图 4-52 所示。

图 4-52　拉伸机翼部分草图

(10) 倒 R5 圆角。点击特征工具条上的边倒圆图标 ，选择如图 4-53 所示的高亮显示边，设置圆角半径为 5，点击【确定】或单击鼠标中键完成边倒圆特征的创建，如图 4-53 所示。

图 4-53 倒 R5 圆角

(11) 投影尾翼底部曲线。按快捷键"Ctrl+L"，在出现的【图层设置】对话框中，设置41 层为工作层，再单击鼠标中键退出【图层设置】对话框，选择菜单【插入】→【派生曲线】→【投影曲线】，投影的曲线选择 21 层尾翼部分的红色高亮显示线，要投影的对象选择机身上表面，投影方向为+ZC 轴，点击【确定】或单击鼠标中键完成投影曲线创建，如图 4-54 所示。

图 4-54 投影尾翼底部曲线

(12) 创建基准面 2。按快捷键"Ctrl+L"，出现【图层设置】对话框，在工作图层后输入 63，然后按回车键，再单击鼠标中键退出【图层设置】对话框，点击特征工具条上的基准平面图标，类型设置为自动判断，选择 XC-YC 面，输入距离为 35，单击鼠标中键完成基准面的创建，如图 4-55 所示。

图 4-55　创建基准面 2

(13) 投影尾翼顶部曲线。按快捷键"Ctrl+L"，在出现的【图层设置】对话框中，设置 41 层为工作层，再单击鼠标中键退出【图层设置】对话框，选择菜单【插入】→【派生曲线】→【投影曲线】，投影的曲线选择 21 层尾翼部分的红色高亮显示线，要投影的对象选择上一步创建的基准面，投影方向为+ZC 轴，点击【确定】或单击鼠标中键完成投影曲线创建，如图 4-56 所示。

图 4-56　投影尾翼顶部曲线

(14) 创建尾翼直纹面。按快捷键"Ctrl+L"，在出现的【图层设置】对话框中，设置 82 层为工作层，单击鼠标中键退出【图层设置】对话框，选择菜单【插入】→【网格曲面】→【直纹】，截面线串 1、2 分别选择尾翼顶部及底部曲线，如图 4-57 所示。注意：截面线串箭头的指向应一致，去掉保留形状前的勾，默认对齐方式为参数。

图 4-57 尾翼直纹面

(15) 创建尾翼顶部有界平面。选择菜单【插入】→【曲面】→【有界平面】，选择如图 4-58 所示的高亮显示曲线，单击鼠标中键完成有界平面创建。

图 4-58 尾翼顶部有界平面

(16) 创建尾翼部分底部 N 边曲面。该曲面既可以直接用 N 边曲面命令，也可以先抽取机身主体曲面，然后利用 41 层尾翼底部曲线对该抽取片体进行修剪，该处运用的是后一种方法。

① 抽取机身主体曲面。选择菜单【插入】→【关联复制】→【抽取面】，类型选择"面"，选择机身主体的网格曲面，单击鼠标中键完成曲面的抽取，如图 4-59 所示。

② 修剪片体。点击特征工具条上的修剪片体工具 ，目标选择上一步抽取的片体，边界选择 41 层投影曲线，投影方向选择垂直于面，单击鼠标中键完成片体的修剪，如图 4-60 所示。

图 4-59 抽取机身主体曲面

图 4-60 修剪片体

(17) 缝合生成尾翼实体。选择菜单【插入】→【组合】→【缝合】，目标选择尾翼部分直纹面，工具选择尾翼有界平面、N 边曲面，单击鼠标中键完成三片体的缝合，生成尾翼实体，如图 4-61 所示。

(18) 求和。点击特征工具条上的求和图标🔩，目标选择机身，工具选择机翼和尾翼，点击鼠标中键确定，如图 4-62 所示。

图 4-61　生成尾翼实体

图 4-62　求和

(19) 创建求差球体，并与机身求差。点击特征工具条上的球图标，类型选择中心点和直径，设置球直径为 20 mm，圆心为(0，0，18)，与机身实体求差，结果如图 4-63 所示。注意：若在 22 层草图也将该处的圆画出，则也可利用选择圆弧来创建球体。

图 4-63　创建求差球体

(20) 对尾翼顶部边缘倒 R1.5、R3 的圆角。点击特征工具条上的边倒圆图标 ，选择如图 4-64(a)所示的边线，设置圆角半径为 3，单击鼠标中键；按"F4"键重复使用边倒圆命令 ，选择图 4-64(b)所示边线，设置圆角半径为 1.5，单击鼠标中键完成倒圆角特征创建。

(a) 倒 R3 圆角

(b) 倒 R1.5 圆角

图 4-64　倒圆角

(21) 保存文件。按快捷键"Ctrl+L"，在出现的【图层设置】对话框中，设置第 1 层为工作层，关闭其他图层，单击鼠标中键退出【图层设置】对话框，按快捷键"Ctrl+S"保存文件，如图 4-65 所示。

图 4-65　保存文件

4.4　勺子模型设计

勺子模型工程图如图 4-66 所示。

图 4-66　勺子模型

勺子模型工程图的设计步骤如下：

(1) 新建文件。选择工具栏中的 📄新建 或按下键盘组合键"Ctrl+N"，在出现的【新建】对话框中：模板选择【模型】，默认单位为毫米，在名称栏输入"spoon"，文件夹设置为 E:\product design，单击【确定】按钮或鼠标中键退出【新建】对话框。

(2) 绘制勺子俯视图轮廓草图。按快捷键"Ctrl+L"，出现的【图层设置】对话框，在工作图层后输入 21，然后按回车键，再单击鼠标中键退出【图层设置】对话框。选择菜单【插入】→【在任务环境中绘制草图】，直接单击鼠标中键，默认以 XC-YC 平面为草图平面、X 轴为水平参考绘制如图 4-67 所示的草图，该草图上下对称，建议先对半绘制，然后进行镜像。

图 4-67　勺子俯视图轮廓草图

(3) 绘制前视图轮廓草图。按快捷键"Ctrl+L"，出现【图层设置】对话框，在工作图层后输入 22，然后按回车键，再单击鼠标中键退出【图层设置】对话框。选择菜单【插入】→【在任务环境中绘制草图】，选择 XC-ZC 平面为草图平面、X 轴为水平参考，绘制如图 4-68 所示的草图，该草图与 21 层草图建立相关约束。

图 4-68　前视图轮廓草图

(4) 创建组合投影曲线。按快捷键"Ctrl+L"，出现的【图层设置】对话框中，设置 41 层为工作层，再单击鼠标中键退出【图层设置】对话框，选择菜单【插入】→【派生曲线】→【组合投影】，曲线 1 和曲线 2 分别选择 21、22 层草图曲线，如图 4-69 所示，单击鼠标中键完成组合投影曲线创建。

图 4-69　组合投影曲线

　　(5) 绘制勺子底部轮廓草图。按快捷键"Ctrl+L"，出现【图层设置】对话框，在工作图层后输入 23，然后按回车键，再单击鼠标中键退出【图层设置】对话框。选择菜单【插入】→【在任务环境中绘制草图】，选择 XC-ZC 平面为草图平面、X 轴为水平参考，绘制如图 4-70 所示的草图，该草图与 22 层草图建立相关约束。注意：线段 p22=5 经过 R300 的圆心且垂直于 22 层草图中的直线，将该线段转化为参考线以备第(7)步做基准平面。

图 4-70　勺子底部轮廓草图

　　(6) 桥接曲线。按快捷键"Ctrl+L"，出现图层设置对话框，在工作图层后输入 42，然后按回车键，再单击鼠标中键退出图层设置对话框。选择菜单【插入】→【派生曲线】→【桥接曲线】，出现【桥接曲线】对话框，按照图 4-71 所示选择上一步绘制的两条曲线，单击鼠标中键完成曲线的桥接。

图 4-71　桥接曲线

　　(7) 创建基准面 1。按快捷键"Ctrl+L"，出现的【图层设置】对话框，在工作图层后输入 62，然后按回车键，再单击鼠标中键退出【图层设置】对话框，点击特征工具条上的基准平面图标 ⬚，类型设置为自动判断，选择高亮显示的直线及第(5)步草图中虚线的一个端点，单击鼠标中键完成基准面的创建，如图 4-72 所示。

图 4-72　基准面 1

(8) 绘制勺子 C-C 剖视图轮廓草图。按快捷键 "Ctrl+L"，在出现的【图层设置】对话框中，设置 24 层为工作层，23、41、42、62 层可选，再单击鼠标中键退出【图层设置】对话框，选择菜单【插入】→【在任务环境中绘制草图】，选择上一步创建基准面为草图平面、Y 轴为水平参考，绘制如图 4-73 所示的草图。注意：先用交点命令 求出绘图平面与 23 草图曲线、41 层组合投影曲线的交点，然后约束草图经过这些点。

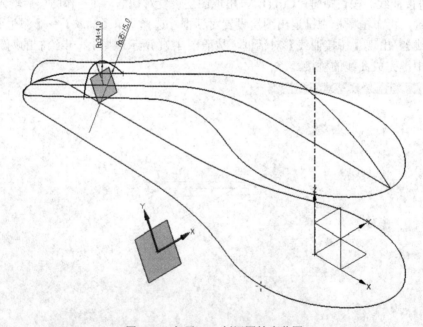

图 4-73　勺子 C-C 剖视图轮廓草图

(9) 绘制勺子 B-B 剖视图轮廓草图。按快捷键 "Ctrl+L"，在出现图的【图层设置】对话框中，设置 25 层为工作层，23、41、42、62 层可选，再单击鼠标中键退出【图层设置】对话框，选择菜单【插入】→【在任务环境中绘制草图】，选择 YC-ZC 基准面为草图平面、Y 轴为水平参考，绘制如图 4-74 所示的草图。注意：先用交点命令 分别求出绘图平面与 41 层组合投影曲线和 42 层桥接曲线的交点，然后约束草图经过这些点。

图 4-74　勺子 B-B 剖视图轮廓草图

(10) 创建勺子主体网格曲面。按快捷键"Ctrl+L"，在出现的【图层设置】对话框中，设置 81 层为工作层，单击鼠标中键退出【图层设置】对话框，点击曲面工具条上的通过曲线网格命令 🪟，按下相交处停止图标 ╫，选择主曲线和交叉曲线(主曲线有 4 条，交叉曲线有 3 条，且主曲线应避免选点，在这里选的是圆弧)，单击鼠标中键完成勺子主体网格曲面的创建，如图 4-75 所示。

图 4-75　勺子主体网格曲面

(11) 创建基准面 2。按快捷键"Ctrl+L"，出现【图层设置】对话框，在工作图层后输入 63，然后按回车键，再单击鼠标中键退出【图层设置】对话框，点击特征工具条上的基准平面图标 ⬜，类型设置为自动判断，选择 XC-YC 基准面，输入偏置距离为 35，单击鼠标中键完成基准面的创建，如图 4-76 所示。

图 4-76　基准面 2

　　(12) 修剪体。单击特征工具条上的修剪体图标 ，目标选择勺子主体网格曲面，工具选项选择上一步创建的基准平面，修剪掉勺子底部，单击鼠标中键完成修剪体操作，如图 4-77 所示。

图 4-77　修剪体

　　(13) 创建勺子底部有界平面。按快捷键"Ctrl+L"，出现【图层设置】对话框，在工作图层后输入 81，然后按回车键，再单击鼠标中键退出【图层设置】对话框，选择菜单【插入】→【曲面】→【有界平面】，选择如图 4-78 所示的高亮显示曲线，单击鼠标中键完成有界平面创建。

图 4-78　勺子底部有界平面

(14) 倒 R1 圆角。点击特征工具条上的面倒圆图标，选择如图 4-79 所示的勺子主体网格面和上一步创建的有界平面，设置圆角半径为 1，单击鼠标中键完成面倒圆特征创建。注意：选面时应使箭头均指向倒圆角的圆心一侧。

图 4-79　倒 R1 圆角

(15) 加厚片体。按快捷键"Ctrl+L"，出现【图层设置】对话框，在工作图层后输入 1，然后按回车键，再单击鼠标中键退出【图层设置】对话框，选择菜单【插入】→【偏置/缩放】→【加厚】，选择拆分后的网格曲面，设置厚度为 0.5，向曲面内侧加厚，单击鼠标中键完成该曲面的加厚，如图 4-80 所示，如果在加厚过程中出现了警报，显示无法加厚，可以考虑用缝合或修剪、补片体等命令生成实体。

图 4-80　加厚片体

(16) 查找加厚出问题原因。选择菜单【分析】→【最小半径】，勾选"在最小半径处创建点"，选择第一步创建的网格曲面，点击【确定】后出现信息窗口，可发现最小半径位置位于尖点，值为 0.2875，该值小于加厚值 0.5，曲面往内侧加厚时会自相交故而出现警报，如图 4-81 所示。

图 4-81　最小半径

下面尝试用封闭的片体缝合来生成实体。

(17) 拉伸 22 层草图曲线。按快捷键 "Ctrl+L"，在出现的【图层设置】对话框中，输入 82 层为工作层按回车键，单机鼠标中键退出【图层设置】对话框，点击特征工具条中的拉伸图标 或按快捷键 "X"，曲线规则选择 相连曲线 ，选择 22 层草图曲线，拉伸方向为+Y 方向，对称拉伸距离为 50，如图 4-82 所示。

图 4-82　拉伸 22 层草图曲线

(18) 修剪片体。点击特征工具条上的修剪片体图标 ，选择上一步创建的拉伸片体，边界选择 41 层组合投影曲线，投影方向设置为垂直于面，单击鼠标中键将曲面 41 层组合投影曲线外的部分修剪掉，如图 4-83 所示。

(19) 缝合生成勺子实体。按快捷键 "Ctrl+L"，在出现的【图层设置】对话框中，设置 1 层为工作层，81、82 层可选，再单击鼠标中键退出【图层设置】对话框，选择菜单【插入】→【组合】→【缝合】，目标选择勺子主体网格曲面，工具选择上一步修剪后的拉伸曲面，单击鼠标中键完成两片体的缝合，因封闭曲面缝合生成实体，从而生成勺子实体，如图 4-84 所示。

图 4-83　修剪片体

图 4-84　缝合

(20) 抽壳，保存文件。点击特征工具条上的抽壳图标，使用相切面选择如图 4-85 所示的三个面，输入厚度为 0.5，点击鼠标中键完成抽壳特征创建。将除 1 层外的其他图层不显示，保存文件。

图 4-85　抽壳

从第(18)步开始我们也可以换一种思路，利用修剪体的方式来创建勺子实体。

(21) 创建拉伸特征。按快捷键"Ctrl+L",在出现的【图层设置】对话框中,设置 1 层为工作层,21 层可选,点击特征工具条中的拉伸图标 或按快捷键"X",曲线规则选择 相连曲线 ,选择 21 层草图曲线,拉伸方向为+Z 方向,开始距离为-20,结束距离为 50,如图 4-86 所示。

图 4-86　拉伸 21 层草图曲线

(22) 修剪实体下部分材料。单击特征工具条中的修剪体图标 ,目标选择上一步创建的拉伸实体,工具选择第(17)步创建的拉伸片体,单击应用修剪掉实体下半部分材料,如图 4-87 所示。

图 4-87　修剪实体下部分材料

(23) 修剪实体上部分材料。再次使用修剪体命令,目标选择拉伸实体,工具选择勺子主体曲面,单击鼠标中键修剪掉实体上半部分材料,如图 4-88 所示。

图 4-88　修剪实体上部分材料

(24) 抽壳，保存文件。点击特征工具条上的抽壳图标，使用相切面选择如图 4-85 所示的三个面，输入厚度为 0.5，点击鼠标中键完成抽壳特征创建。将除 1 层外的其他图层不显示，然后保存文件。

从第(19)步开始我们还可以换一种思路，利用补片体来创建勺子实体。

(25) 创建拉伸特征。按快捷键"Ctrl+L"，在出现的【图层设置】对话框中，设置 1 层为工作层，21 层可选，点击特征工具条中的拉伸图标或按快捷键"X"，曲线规则选择 相连曲线 ，选择 21 层草图曲线，拉伸方向为+Z 方向，开始距离为-20，结束距离为 50，如图 4-86 所示。

(26) 补片去掉实体下半部分材料。选择菜单【插入】→【组合】→【补片】，目标选择上一步创建的拉伸实体，工具选择第(18)步修剪后的拉伸片体，单击【应用】，利用修剪后的拉伸片体替换掉实体下半部分，如图 4-89 所示。

图 4-89　补片去掉实体下半部分材料

(27) 补片去掉实体上半部分材料。选择菜单【插入】→【组合】→【补片】，目标选择拉伸实体，工具选择勺子主体曲面，单击鼠标中键并用勺子主体曲面替换掉实体上半部分，如图 4-90 所示。

图 4-90　补片去掉实体上半部分材料

(28) 抽壳，保存文件。点击特征工具条上的抽壳图标 ，使用相切面选择如图 4-85 所示的三个面，输入厚度为 0.5，点击鼠标中键完成抽壳特征创建。将除 1 层外的其他图层不显示，然后保存文件，如图 4-91 所示。

图 4-91　保存文件

技巧总结：由片体生成实体常用的方法有片体加厚、缝合、修剪体和补片。由于片体上最小半径远小于加厚的厚度值，采用加厚命令时可能会出问题，首先可尝试加大加厚公差，若还解决不了，可将最小半径处片体进行拆分再进行加厚，或者利用封闭的片体缝合成为实体、修剪体和补片生成实体后再抽壳。使用修剪体命令时片体应尽量超出实体，使用该命令后片体还存在。使用补片命令时片体边缘要刚好和实体边缘重合，使用该命令后片体消失了，可以理解为片体被实体"吃掉"了。

4.5　水龙头扳手模型设计

水龙头扳手模型工程图如图 4-92 所示。

水龙头扳手模型工程图的设计步骤如下：

(1) 新建文件。选择工具栏中的 或按下键盘组合键"Ctrl+N"，在出现的【新建】对话框中进行设置：模板选择【模型】，默认单位为毫米，在名称栏输入"tap"，文件夹设置为 E:\product design，单击【确定】按钮或鼠标中键退出【新建】对话框。

图 4-92 水龙头扳手模型

(2) 建立产品重要尺寸的表达式。选择菜单【工具】→【表达式】或按快捷键 "Ctrl+E"，出现【表达式】对话框，由图纸知该产品的长宽高分别为 100、46、68.5，设定如下参数 len=100，wid=46，hei=68.5，以方便后期对产品进行修改，如图 4-93 所示。

图 4-93 表达式

(3) 建立控制产品轮廓的相关基准。按快捷键 "Ctrl+L"，出现【图层设置】对话框，在工作图层后输入 62，然后按回车键，再单击鼠标中键退出【图层设置】对话框，点击特征工具条上的基准平面图标，创建如图 4-94 所示的基准面，其中 1、4 基准面分别相对于 YC-ZC、XC-ZC 基准平面偏移值-wid/2，2 基准面相对于 XC-ZC 基准平面偏移值 wid/2，3 基准面相对于 YC-ZC 基准平面偏移 len-wid/2，5 基准面相对于 XC-YC 基准平面偏移 hei。

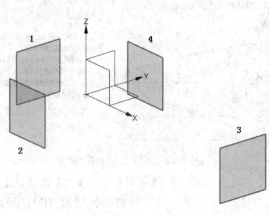

图 4-94　基准面

(4) 建立俯视图轮廓草图。按快捷键 "Ctrl+L"，出现【图层设置】对话框，在工作图层后输入 21，然后按回车键，再单击鼠标中键退出【图层设置】对话框。选择菜单【插入】→【在任务环境中绘制草图】，直接单击鼠标中键，默认以 XC-YC 平面为草图平面、X 轴为水平参考，绘制如图 4-95 所示的草图，该草图上下对称，建议对半绘制然后镜像，并与62 层相关基准面建立约束。

图 4-95　俯视图轮廓草图

(5) 建立侧视图轮廓草图。按快捷键 "Ctrl+L"，出现【图层设置】对话框，在工作图层后输入 22，然后按回车键，再单击鼠标中键退出【图层设置】对话框。选择菜单【插入】→【在任务环境中绘制草图】，选择 XC-ZC 平面为草图平面、X 轴为水平参考，绘制如图4-96 所示的草图，绘制该草图时应先用投影曲线工具 将上一步绘制的整圆做投影，再将投影得到的直线转为参考线，捕捉该直线的两个端点分别绘制 p23=16、p30=26 直线，该草图与 62 层基准面建立相关约束。

图 4-96 侧视图轮廓草图

(6) 建立侧视图中心线草图。按快捷键"Ctrl+L",出现【图层设置】对话框,在工作图层后输入 23,然后按回车键,再单击鼠标中键退出【图层设置】对话框。选择菜单【插入】→【在任务环境中绘制草图】,选择 XC-ZC 平面为草图平面、X 轴为水平参考,绘制如图 4-97 所示的草图,绘制该草图时应先用投影曲线工具 将第(1)步绘制的 R400 圆弧做投影,将投影得到的直线转为参考线,捕捉该直线的左端点绘制 p33=23 直线,并与 22 层草图和 62 层基准作相关约束(注意:该草图中包含一个点,该点位于 R130 圆弧上,创建该点以备第(7)步创建基准面)。

图 4-97 侧视图中心线草图

(7) 建立产品空间轮廓曲线。按快捷键"Ctrl+L",在出现的【图层设置】对话框中,设置 41 层为工作层,再单击鼠标中键退出【图层设置】对话框,选择菜单【插入】→【派生曲线】→【组合投影】,曲线 1 使用相连曲线规则并按下相交处停止图标 ,选择如图 4-98 所示的高亮显示曲线,曲线 2 选择 23 层草图曲线,单击鼠标中键完成组合投影曲线创建。

图 4-98　产品空间轮廓曲线

(8) 建立 B-B 剖面草图安放面的相关基准。按快捷键"Ctrl+L",出现【图层设置】对话框,在工作图层后输入 63,然后按回车键,再单击鼠标中键退出【图层设置】对话框,点击特征工具条上的基准平面图标 ▢ ,类型设置为"曲线和点",选择 23 层草图曲线及其上面的点,单击鼠标中键完成基准面的创建,如图 4-99 所示。

图 4-99　B-B 剖面草图安放面

(9) 建立 B-B 剖面草图。按快捷键"Ctrl+L",出现【图层设置】对话框,在工作图层后输入 24,然后按回车键,再单击鼠标中键退出【图层设置】对话框。选择菜单【插入】→【在任务环境中绘制草图】,选择上一步创建的基准面为草图平面、Y 轴为水平参考,绘制如图 4-100 所示的草图,先用交点命令 分别求出绘图平面与 22 层草图曲线及 41 层组合投影曲线的交点,捕捉交点绘制直线并将直线转换为参考线,因该截面左右对称而上下不对称,故上下应分别画四分之一的椭圆再镜像。

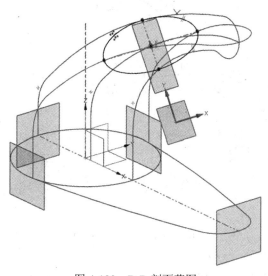

图 4-100　B-B 剖面草图

(10) 建立 C-C 剖面草图安放面的相关基准。按快捷键"Ctrl+L",出现【图层设置】对话框,在工作图层后输入 64,然后按回车键,再单击鼠标中键退出【图层设置】对话框,点击特征工具条上的基准平面图标 ,类型设置为"按某一距离",选择 3 基准面,输入偏移距离为 len/10,如图 4-101 所示。

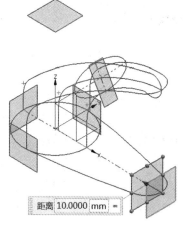

图 4-101　C-C 剖面草图安放面

(11) 建立 C-C 剖面草图。按快捷键"Ctrl+L",出现【图层设置】对话框,在工作图层后输入 25,然后按回车键,再单击鼠标中键退出【图层设置】对话框。选择菜单【插入】→【在任务环境中绘制草图】,选择上一步创建的基准面为草图平面、Y 轴为水平参考,绘制如图 4-102 所示的草图，先用交点命令分别求出绘图平面与 22 层草图曲线及 41 层组合投影曲线的交点，捕捉交点绘制直线并将直线转换为参考线，因该截面左右对称而上下不对称，故上下应分别画四分之一的椭圆再镜像。

图 4-102　C-C 剖面草图

(12) 建立网格曲面。

① 建立网格曲面的约束面(拉伸 21 层圆弧)。按快捷键"Ctrl+L"，出现【图层设置】对话框，在工作图层后输入 5，然后按回车键，再单击鼠标中键退出【图层设置】对话框。点击特征工具条中的拉伸图标或按快捷键"X"，选择 21 层草图曲线中的整圆，拉伸方向为+Z 方向，拉伸距离为-10，如图 4-103 所示。

图 4-103　网格曲面的约束面

② 建立主体网格面。按快捷键"Ctrl+L"，出现【图层设置】对话框，在工作图层后输入 1，然后按回车键，再单击鼠标中键退出【图层设置】对话框。点击曲面工具条上的通过曲线网格命令 ，选择主曲线和交叉曲线(主曲线有 4 条，最后一条为端点，交叉曲线有 5 条且第 1 条和第 5 条是同一条)，并与上一步拉伸侧面约束相切，如图 4-104 所示。

图 4-104　主体网格面

(13) 建立产品内部细节草图。按快捷键"Ctrl+L"，出现【图层设置】对话框，在工作图层后输入 26，然后按回车键，再单击鼠标中键退出【图层设置】对话框。选择菜单【插入】→【在任务环境中绘制草图】，点击鼠标中键默认以 XC-YC 基准面为草图放置面，绘制如图 4-105 所示的草图。

图 4-105　产品内部细节草图

(14) 拉伸上一步绘制草图中的圆。按快捷键 "Ctrl+L"，出现【图层设置】对话框，在工作图层后输入 1，然后按回车键，再单击鼠标中键退出【图层设置】对话框。点击特征工具条中的拉伸图标 或按快捷键 "X"，选择 26 层草图曲线中的整圆，拉伸方向为+Z方向，拉伸距离为 60，如图 4-106 所示。

图 4-106   创建拉伸特征

(15) 使用产品表面对拉伸体修剪。单击特征工具条上的修剪体图标 ，目标上一步拉伸实体，工具选项选择"面或平面"，修剪掉表面外实体，单击鼠标中键完成修剪体操作，如图 4-107 所示。

图 4-107   修剪体

(16) 建立内部细节。

① 偏置面。选择菜单【插入】→【偏置/缩放】→【偏置面】，对拉伸体作偏移(除底部平面)，向内偏移值为 2，再对侧面向外作补偿偏移 1，使之符合图纸尺寸，如图 4-108(a)、(b)所示。

(a) 偏置两面

(b) 偏置侧面

图 4-108　偏置面

② 用 1 层实体与拉伸体作布尔求差。点击特征工具条上的求差图标 🔾，目标水龙头扳手实体，工具拉伸体，点击鼠标中键挖腔特征创建，如图 4-109 所示。

图 4-109 求差

③ 按图纸要求拉伸 26 层草图内孔。点击特征工具条中的拉伸图标 或按快捷键 "X"，选择 26 层草图曲线中的内孔，拉伸方向为+Z 方向，拉伸开始距离为 8，结束设置为 "直至下一个"，如图 4-110 所示，选择水龙头扳手挖腔内表面，与水龙头扳手实体求和，设置偏置类型为两侧，开始为 0，结束为 3。

图 4-110 拉伸内孔

④ 建立侧面修剪基准面。按快捷键 "Ctrl+L"，出现【图层设置】对话框，在工作图层后输入 65，然后按回车键，再单击鼠标中键退出【图层设置】对话框，点击特征工具条上的基准平面图标 ，类型设置为 "成一角度"，选择 XC-YC 基准面，输入角度为-15，如图 4-111 所示。

图 4-111 修剪基准面

⑤ 修剪水龙头扳手实体。单击特征工具条上的修剪体图标 ，目标选择水龙头扳手实体，工具选项选择上一步创建的基准面，如图 4-112 所示，单击鼠标中键完成修剪体操作。

图 4-112 修剪体

⑥ 倒 R1、R2 圆角。点击特征工具条上的边倒圆图标 ，选择如图 4-113 所示的内孔的四条边，设置圆角半径为 1，单击添加新集按钮 ，选择水龙头扳手内部的高亮显示边，设置相应圆角半径为 2，单击鼠标中键完成圆角特征创建。

(17) 对产品参数进行更改，测试产品的相关性。由表达式修改产品的长、宽、高数值，分别改为 105，48，70。模型可顺利更新，如出现更新失败，向上检查原因并对其修改，再保存文件，如图 4-114 所示。

图 4-113　倒圆角

图 4-114　保存文件

4.6　纽扣模型设计

纽扣模型工程图如图 4-115 所示。

图 4-115　纽扣模型

纽扣模型工程图的设计步骤如下：

(1) 新建文件。选择工具栏中的 [新建] 或按下键盘组合键"Ctrl+N"，在出现的【新建】对话框中：模板选择【模型】，默认单位为毫米，在名称栏输入"tap"，文件夹设置为 E:\product design，单击【确定】按钮或鼠标中键退出【新建】对话框。

(2) 建立俯视图轮廓草图。按快捷键"Ctrl+L"，出现【图层设置】对话框，在工作图层后输入 21，然后按回车键，再单击鼠标中键退出【图层设置】对话框。选择菜单【插入】→【在任务环境中绘制草图】，直接单击鼠标中键，默认以 XC-YC 平面为草图平面、X 轴为水平参考，绘制如图 4-116 所示的草图，该草图中椭圆弧上下左右对称，且为便于后面构建网格面时选线，建议先绘制四分之一后镜像。

图 4-116 俯视图轮廓草图

(3) 创建桥接曲线 1。按快捷键"Ctrl+L"，出现【图层设置】对话框，在工作图层后输入 41，然后按回车键，再单击鼠标中键退出【图层设置】对话框。选择菜单【插入】→【派生曲线】→【桥接】，出现【桥接曲线】对话框，分别选择椭圆弧和相应的直线段，创建如图 4-117 所示的四条桥接曲线。

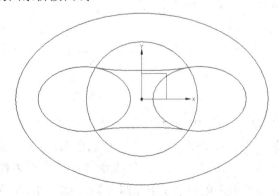

图 4-117 桥接曲线 1

(4) 建立侧视图轮廓草图。按快捷键 "Ctrl+L"，出现【图层设置】对话框，在工作图层后输入 22，然后按回车键，再单击鼠标中键退出【图层设置】对话框。选择菜单【插入】→【在任务环境中绘制草图】，直接单击鼠标中键，默认以 YC-ZC 平面为草图平面、Y 轴为平参考，绘制如图 4-118 所示的草图，该草图中有两个圆及四条直线段，为方便后面构建网格面时选线，两个圆建议对半绘制然后镜像。

图 4-118　侧视图轮廓草图

(5) 建立前视图轮廓草图。按快捷键 "Ctrl+L"，出现【图层设置】对话框，在工作图层后输入 23，然后按回车键，再单击鼠标中键退出【图层设置】对话框。选择菜单【插入】→【在任务环境中绘制草图】，直接单击鼠标中键，默认以 XC-ZC 平面为草图平面、X 轴为水平参考，绘制如图 4-119 所示的草图，该草图为三个圆，为方便后面构建网格面时选线，建议先对半绘制然后镜像。

图 4-119　前视图轮廓草图

(6) 建立网格面实体毛坯。按快捷键 "Ctrl+L" 出现【图层设置】对话框，在工作图层后输入 10，然后按回车键，再单击鼠标中键退出【图层设置】对话框。点击曲面工具条上的通过曲线网格命令，选择主曲线和交叉曲线(主曲线有 5 条且第 1 条和最后一条为同一条，交叉曲线有 5 条且第 1 条和第 5 条是同一条)，如图 4-120 所示。

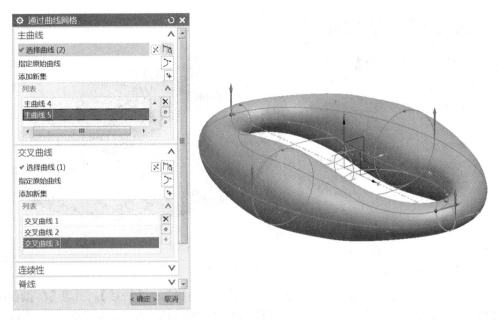

图 4-120　网格面实体毛坯

（7）拆分实体。点击特征工具条中的拉伸图标 或按快捷键"X"，选择 21 层草图曲线中的整圆，拉伸方向为+Z 方向，拉伸开始距离为-5，结束距离为 5，与上一步创建实体求差，如图 4-121 所示。

图 4-121　拆分实体

（8）创建截面线。按快捷键"Ctrl+L"，出现【图层设置】对话框，在工作图层后输入 42，然后按回车键，再单击鼠标中键退出【图层设置】对话框。选择菜单【插入】→【派生曲线】→【截面曲线】，要剖切的对象选择拆分后的实体表面，剖切平面选择 YC-ZC 面，点击【确定】完成截面曲线的创建，如图 4-122 所示。

图 4-122　截面线

(9) 创建桥接曲线 2。选择菜单【插入】→【派生曲线】→【桥接】，出现【桥接曲线】对话框，分别选择上一步创建的截面线和相应 22 层草图中的直线段，创建如图 4-123 所示的四条桥接曲线。

图 4-123　桥接曲线 2

(10) 创建修补的网格面。按快捷键"Ctrl+L"，出现【图层设置】对话框，在工作图层后输入 1，然后按回车键，再单击鼠标中键退出【图层设置】对话框。点击曲面工具条上的通过曲线网格命令🗩，选择主曲线和交叉曲线(主曲线有 3 条，交叉曲线有 5 条且第 1 条和第 5 条是同一条)，约束第一主线串和最后主线串处与纽扣主体曲面相切，如图 4-124 所示。

(11) 抽取纽扣主体曲面。选择菜单【插入】→【关联复制】→【抽取几何体】，类型选择"面"，选择纽扣主体曲面，点击【确定】完成曲面的抽取，如图 4-125 所示。

图 4-124　修补网格面

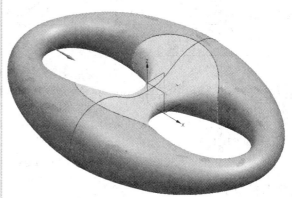

图 4-125　抽取纽扣主体曲面

(12) 生成纽扣实体。选择菜单【插入】→【组合】→【缝合】，目标选择纽扣主体曲面，工具选择上一步修补的网格曲面，单击鼠标中键完成两片体的缝合，生成纽扣实体，保存文件，如图 4-126 所示。

图 4-126　生成纽扣实体

4.7　肥皂盒模型设计

肥皂盒模型的工程图如图 4-127 所示。

技术要求：
1、顶部"带状特征"宽度变化从
a、b、c、d分别为
3、3、3、0.5。
2、未注圆角半径为R1。
3、未注拔模角度为1度。

图 4-127 肥皂盒模型

肥皂盒模型工程图的设计步骤如下：

(1) 新建文件。选择工具栏中的 或按下键盘组合键"Ctrl+N"，在出现的【新建】对话框中：模板选择【模型】，默认单位为毫米，在名称栏输入"feizaohe"，文件夹设置为 E:\product design，单击【确定】按钮或鼠标中键退出【新建】对话框。

(2) 建立产品重要尺寸的表达式，方便后期对产品的修改。选择菜单【工具】→【表达式】或按快捷键"Ctrl+E"，出现【表达式】对话框，由图纸知该产品的长、宽、高分别为 170、129、64，截面半径为 40，设定如下参数：length=170，width=129，height=64，r=40，如图 4-128 所示。

(3) 建立控制产品轮廓的相关基准面。按快捷键"Ctrl+L"，出现【图层设置】对话框，在工作图层后输入 62，然后按回车键，再单击鼠标中键退出【图层设置】对话框，点击特征工具条上的基准平面图标 ，创建如图 4-129 所示的基准面，其中 1、3 基准面相对 YC-ZC 面分别偏置-len/2 和 len/2，2、4 基准面相对于 XC-ZC 分别偏置-wid/2 和 wid/2。

图 4-128　产品重要尺寸的表达式

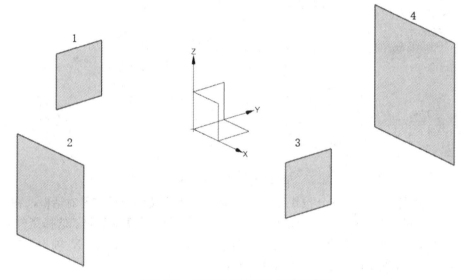

图 4-129　控制产品轮廓的相关基准面

（4）建立俯视图轮廓草图。按快捷键 "Ctrl+L"，出现【图层设置】对话框，在工作图层后输入 21，然后按回车键，再单击鼠标中键退出【图层设置】对话框。选择菜单【插入】→【在任务环境中绘制草图】，直接单击鼠标中键，默认以 XC-YC 平面为草图平面、X 轴为平参考，绘制如图 4-130 所示的草图，该草图左右对称，建议先对半绘制然后镜像，并与 62 层相关基准面建立相关约束。

（5）建立内轮廓草图。

① 建立偏移基准面。按快捷键 "Ctrl+L"，出现【图层设置】对话框，在工作图层后输入 63，然后按回车键，再单击鼠标中键退出【图层设置】对话框，点击特征工具条上的基准平面图标 ⬜，输入偏置距离为 5，单击鼠标中键完成基准面创建，如图 4-131 所示。

图 4-130　俯视图轮廓草图

图 4-131　偏移基准面

② 建立内轮廓椭圆草图。按快捷键 "Ctrl+L"，出现【图层设置】对话框，在工作图层后输入 22，然后按回车键，再单击鼠标中键退出【图层设置】对话框。选择菜单【插入】→【在任务环境中绘制草图】，选择上一步创建的基准面为草图平面、X 轴为平参考，绘制如图 4-132 所示的草图，建议先作 1/4 椭圆然后镜像。

图 4-132　内轮廓椭圆草图

　　(6) 建立前视图轮廓线草图。按快捷键"Ctrl+L"，出现【图层设置】对话框，在工作图层后输入 23，然后按回车键，再单击鼠标中键退出【图层设置】对话框。选择菜单【插入】→【在任务环境中绘制草图】，草图安放面选择 2 基准面，并与 21 层草图和 62 层基准作相关约束，建议先对半绘制后镜像，如图 4-133 所示。

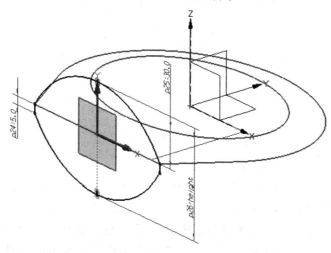

图 4-133　前视图轮廓线草图

　　(7) 建立 A-A 剖面轮廓草图。按快捷键"Ctrl+L"，出现【图层设置】对话框，在工作图层后输入 24，然后按回车键，再单击鼠标中键退出【图层设置】对话框。选择菜单【插入】→【在任务环境中绘制草图】，草图安放面选择 YC-ZC 基准面，并与 21、23 层草图和 62 层基准作相关约束，建议先对半绘制后镜像，如图 4-134 所示。

图 4-134　A-A 剖面轮廓草图

　　(8) 建立 B-B 剖面线草图。按快捷键"Ctrl+L"，出现【图层设置】对话框，在工作图层后输入 25，然后按回车键，再单击鼠标中键退出【图层设置】对话框。选择菜单【插入】→【在任务环境中绘制草图】，草图安放面选择 XC-ZC 基准面绘制如图 4-135 所示的草图，该草图为左右对称的两段圆弧，与 A-A 剖面草图建立表达式相关。

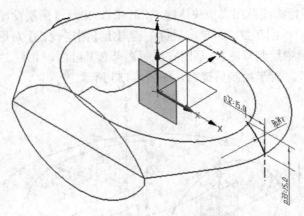

图 4-135　B-B 剖面线草图

(9) 建立顶面边缘轮廓草图。

① 建立内部顶面边缘轮廓草图。按快捷键"Ctrl+L",出现【图层设置】对话框,在工作图层后输入 26,然后按回车键,再单击鼠标中键退出【图层设置】对话框。选择菜单【插入】→【在任务环境中绘制草图】,草图安放面选择 XC-YC 基准面,按要求绘制椭圆曲线,建议先作 1/4 椭圆后镜像,方便后面构面时的起点控制一致,如图 4-136 所示。

图 4-136　内部顶面边缘轮廓草图

② 建立内部顶面第二个边缘轮廓线草图,按快捷键"Ctrl+L",出现【图层设置】对话框,在工作图层后输入 27,然后按回车键,再单击鼠标中键退出【图层设置】对话框。选择菜单【插入】→【在任务环境中绘制草图】,草图安放面选择 XC-YC 基准面,按要求绘制椭圆曲线,建议先作 1/4 椭圆后镜像,方便后面构面时起点控制一致,如图 4-137 所示。

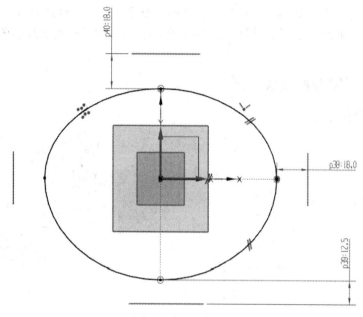

图 4-137 内部顶面第二个边缘轮廓线草图

注意：26、27 层草图也可用规律控制偏置曲线的方式建立，但须对半作(考虑端点位置)。

(10) 建立顶部空间曲线。

① 生成肥皂盒顶部外侧空间曲线。按快捷键"Ctrl+L"，在出现的【图层设置】对话框中，设置 41 层为工作层，再单击鼠标中键退出【图层设置】对话框，选择菜单【插入】→【派生曲线】→【组合投影】，曲线 1 选择 24 层草图曲线，曲线 2 选择 26 层草图曲线，单击鼠标中键完成组合投影曲线创建，如图 4-138 所示。

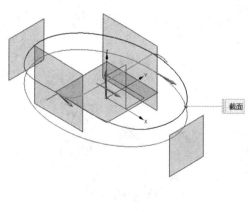

图 4-138 肥皂盒顶部外侧空间曲线

② 生成肥皂盒顶部内侧空间曲线。按"F4"键重复使用组合投影命令，曲线 1 选择 24 层草图曲线，曲线 2 选择 27 层草图曲线，单击鼠标中键完成组合投影曲线创建，如图 4-139 所示。

图 4-139　肥皂盒顶部内侧空间曲线

(11) 建立网格曲面-拆分曲线。

① 编辑曲线长度。按快捷键"Ctrl+L"，在出现的【图层设置】对话框中，设置 42 层 为工作层，再单击鼠标中键退出【图层设置】对话框，选择菜单【编辑】→【曲线】→【曲 线长度】，出现【曲线长度】对话框，选择图 4-140 所示的一条边，输入开始值为-30，单 击鼠标中键完成曲线长度的编辑。

图 4-140　编辑曲线长度

② 建立桥接曲线。选择菜单【插入】→【派生曲线】→【桥接】，出现【桥接曲线】 对话框，按照图 4-141 所示的两曲线作桥接曲线，单击鼠标中键完成曲线的桥接，使五边 形拆分为四边形，如图 4-142 所示。

图 4-141 桥接曲线

(拆分前)   (拆分后)

图 4-142 五边面拆分

(12) 对网格面处理——建立拉伸相切面，构建网格曲面。

① 建立拉伸辅助片体。按快捷键"Ctrl+L"，出现【图层设置】对话框，在工作图层后输入 82，然后按回车键，设置 24 层可选，再单击鼠标中键退出【图层设置】对话框。点击特征工具条中的拉伸图标 ▥ 或按快捷键"X"，选择如图 4-143 所示的两条曲线，拉伸方向为-X 方向，拉伸距离为 20。

② 建立顶部网格面。按快捷键"Ctrl+L"，出现【图层设置】对话框，在工作图层后输入 81，然后按回车键，设置 24、25、41、42、82 层可选，再单击鼠标中键退出【图层设置】对话框。点击曲面工具条上的通过曲线网格命令 ▨，选择主曲线和交叉曲线(主曲线有 2 条，交叉曲线有 3 条，且第 1 条和第 3 条与上一步拉伸侧面约束相切)，如图 4-144 所示。

图 4-143　拉伸辅助片体

图 4-144　顶部网格面

(13) 建立修补曲面草图，修剪曲面。

① 创建修补曲面草图。按快捷键"Ctrl+L"，出现【图层设置】对话框，在工作图层后输入 28，然后按回车键，再单击鼠标中键退出【图层设置】对话框。选择菜单【插入】→【在任务环境中绘制草图】，草图安放面选择安放面为 XC-YC 面，约束为：1 处为 42 层编辑曲线的圆弧相关点，2 处为 21 层椭圆弧与直线交点，如图 4-145 所示。

图 4-145　修补曲面草图

② 修剪曲面。点击特征工具条上的修剪片体图标 🖉，选择网格曲面的目标，边界选择上一步绘制的草图，投影方向设置为+ZC，单击鼠标中键将完成曲面的修剪，如图 4-146(a)、(b)所示。

(a) 修剪目标、边界及投影方向

(b) 修剪后

图 4-146　修剪曲面

(14) 建立修补曲面，缝合并镜像曲面。

① 按快捷键 "Ctrl+L"，出现【图层设置】对话框，左键双击 81 层，再单击鼠标中键退出【图层设置】对话框，点击曲面工具条上的通过曲线网格命令，选择主曲线和交叉曲线(主曲线和交叉曲线均有2条，在第一主线串和最后交叉线串处约束相切)，如图4-147所示。

图 4-147　　建立修补曲面

② 缝合曲面。选择菜单【插入】→【组合】→【缝合】，目标选择原网格曲面，工具选择修补的网格曲面，单击鼠标中键完成两片体的缝合，如图 4-148 所示。

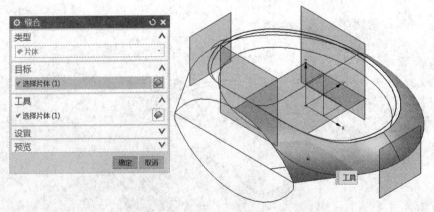

图 4-148　　缝合曲面

③ 镜像曲面。选择菜单【插入】→【关联复制】→【镜像几何体】，选择上一步缝合后的曲面为要镜像的几何体，镜像平面为 YC-ZC 基准面，单击鼠标中键完成曲面的镜像，如图 4-149 所示。

图 4-149 镜像曲面

(15) 建立顶部带状曲面、侧面及内部底面。

① 建立内部底面有界平面。选择菜单【插入】→【曲面】→【有界平面】，选择如图 4-150 所示的高亮显示曲线，单击鼠标中键完成有界平面创建。

图 4-150 内部底面有界平面

② 建立内部侧面直纹面。选择菜单【插入】→【网格曲面】→【直纹】，截面线串 1、2 分别选择如图 4-151 所示的高亮显示的曲线。注意：截面线串箭头的起点和指向应一致，去掉保留形状前的勾，修改对齐方式为弧长。

图 4-151 内部侧面直纹面

（16）建顶部带状曲面，缝合所有曲面。

① 按 F4 重复使用直纹面命令，如图 4-152 所示，选择侧面边缘与顶面边缘分别为线串 1、线串 2。注意：截面线串箭头的起点和指向应一致，去掉保留形状前的勾，修改对齐方式为弧长。

图 4-152　顶部带状曲面

② 缝合曲面。选择菜单【插入】→【组合】→【缝合】，目标选择任一曲面，工具框选所有曲面，单击鼠标中键完成曲面的缝合，如图 4-153 所示。

图 4-153　缝合曲面

（17）建立肥皂盒实体模型。

① 按快捷键 "Ctrl+L"，出现【图层设置】对话框，设置 1 层为工作层，点击特征工具条中的拉伸图标 或按快捷键 "X"，曲线规则选择 相连曲线 ，选择如图 4-154 所示的高亮显示曲线，拉伸方向为 +Z 方向，开始距离为 -5，结束距离为 50。

② 使用 81 层曲面对实体补片。选择菜单【插入】→【组合】→【补片】，目标选择上一步创建的拉伸实体，工具选择肥皂盒主体曲面，单击鼠标中键用肥皂盒主体曲面替换掉实体上半部分，从而得到肥皂盒实体，如图 4-155 所示。

图 4-154　拉深实体毛坯

图 4-155　补片

(18) 倒圆角及挖空。

① 对内部边缘倒 R7 圆角。点击特征工具条上的边倒圆图标，选择如图 4-156 所示的边线，设置圆角半径为 7，单击鼠标中键完成圆角特征创建。

图 4-156　倒圆角

② 挖空侧面及底面。点击特征工具条上的抽壳图标 ，使用相切面选择如图 4-157 所示的肥皂盒底面和侧面，输入厚度为 3，点击鼠标中键完成抽壳特征创建。

图 4-157　挖空侧面及底面

(19) 建立左侧安装形状草图曲线。

① 创建引导线草图。按快捷键"Ctrl+L"，出现【图层设置】对话框，在工作图层后输入 29，然后按回车键，设置 24、61、62 层可选，再单击鼠标中键退出【图层设置】对话框。选择菜单【插入】→【在任务环境中绘制草图】，草图安放面选择安放面为 YC-ZC 面，如图 4-158 所示，建立引导线草图。

图 4-158　引导线草图

② 创建截面线草图。按快捷键"Ctrl+L"，出现【图层设置】对话框，在工作图层后输入 30，然后按回车键，设置 29、61、62 层可选，再单击鼠标中键退出【图层设置】对话框。选择菜单【插入】→【在任务环境中绘制草图】，草图安放面选择安放面为 XC-YC 面，如图 4-159 所示，建立截面线草图。

图 4-159　截面线草图

(20) 建立扫掠曲面及拉伸实体。

① 创建扫掠面。按快捷键"Ctrl+L", 出现【图层设置】对话框, 在工作图层后输入83, 然后按回车键, 设置 29、30 层可选, 再单击鼠标中键退出【图层设置】对话框, 点击曲面工具条上的扫掠图标 🐾, 截面线和引导线分别选择 30、29 层草图曲线, 单击鼠标中键完成扫掠面创建, 如图 4-160 所示。

图 4-160　创建扫掠面

② 拉伸肥皂盒安放处实体。按快捷键"Ctrl+L", 在出现的【图层设置】对话框中: 设置 2 层为工作层, 点击特征工具条中的拉伸图标 📦 或按快捷键"X", 曲线规则选择 相连曲线 ▾, 选择如图 4-161 所示的高亮显示曲线, 拉伸方向为+Y 方向, 开始距离为 0, 结束设置为直至选定, 选择上一步创建的扫掠面。

图 4-161　拉伸肥皂盒安放处实体

③ 相加实体并挖空侧面。点击特征工具条上的求和图标 ，目标选择肥皂盒实体，工具上一步创建的拉伸实体，点击鼠标中键确定。点击特征工具条上的抽壳图标 ，选择如图 4-162 所示的侧面，输入厚度为 3，点击鼠标中键完成抽壳特征创建。

图 4-162　相加实体并挖空侧面

(21) 完成细节设计。

① 对红色高亮显示边拔模。点击特征工具条上的拔模图标 ，类型选择"从边"，脱模方向指定为+ZC 轴，固定边选择如图 4-163 所示的高亮显示边，设置拔模角度为 1，单击鼠标中键完成拔模特征创建。

图 4-163　拔模

② 对红色高亮显示边倒 R1 圆角。点击特征工具条上的边倒圆图标 ，选择如图 4-164 所示的高亮显示的四条边，设置圆角半径为 1，单击鼠标中键完成圆角特征创建。

(22) 对产品参数进行更改，测试产品的相关性，保存文件。在【表达式】对话框中修改产品的长宽高及半径数值，分别改为 180，135，65，50。测试产品模型可顺利进行更新，如出现更新失败，则向上检查原因，并对其进行修改，如图 4-165 所示。

图 4-164　倒圆角

图 4-165　测试产品相关性

4.8　PDA 面壳模型设计

PDA 面壳模型的设计步骤如下：

(1) 新建文件。选择工具栏中的 ⬚新建 或按下键盘组合键 "Ctrl+N"，在出现的【新建】对话框中：模板选择【模型】，默认单位为毫米，在名称栏输入 "PDA"，文件夹设置为 E:\product design，单击【确定】按钮或鼠标中键退出【新建】对话框。

(2) 绘制草图 1。按快捷键 "Ctrl+L"，出现【图层设置】对话框，在工作图层后输入 21，然后按回车键，再单击鼠标中键退出【图层设置】对话框。选择菜单【插入】→【在任务环境中绘制草图】，直接单击鼠标中键，默认以 XC-YC 平面为草图放置面、X 轴为水平参考，绘制如图 4-166 所示的草图，该草图左右对称，建议先对半绘制然后镜像。

图 4-166　草图 1

(3) 绘制草图 2。按快捷键 "Ctrl+L"，出现【图层设置】对话框，在工作图层后输入 22，然后按回车键，再单击鼠标中键退出【图层设置】对话框。选择菜单【插入】→【在任务环境中绘制草图】，直接单击鼠标中键，默认以 XC-YC 平面为草图放置面、X 轴为水平参考，绘制如图 4-167 所示的草图，该草图左右对称，建议先对半绘制然后镜像。

图 4-167　草图 2

(4) 创建偏移基准面 1。按快捷键 "Ctrl+L"，出现【图层设置】对话框，在工作图层后输入 62，然后按回车键，再单击鼠标中键退出【图层设置】对话框，点击特征工具条上的基准平面图标 ▨ ，类型设置为自动判断，选择 XC-YC 基准面，输入距离为 4.5，如图 4-168 所示。

图 4-168　偏移基准面 1

(5) 绘制草图 3。按快捷键 "Ctrl+L"，出现【图层设置】对话框，在工作图层后输入 23，然后按回车键，再单击鼠标中键退出【图层设置】对话框。选择菜单【插入】→【在任务环境中绘制草图】，直接单击鼠标中键，选择上一步创建的基准平面为草图放置面、X 轴为水平参考，绘制如图 4-169 所示的草图，该草图左右对称，建议先对半绘制然后镜像。

图 4-169　草图 3

(6) 绘制草图 4。按快捷键 "Ctrl+L"，出现【图层设置】对话框，在工作图层后输入 24，然后按回车键，再单击鼠标中键退出【图层设置】对话框。选择菜单【插入】→【在任务环境中绘制草图】，直接单击鼠标中键，默认以 XC-YC 平面为草图放置面、X 轴为水平参考，绘制如图 4-170 所示的草图。

(7) 创建拉伸毛坯。按快捷键 "Ctrl+L"，在出现的【图层设置】对话框中，输入 1 层为工作层按回车键，单机鼠标中键退出【图层设置】对话框，点击特征工具条中的拉伸图标▥或按快捷键 "X"，选择 21 层草图曲线，拉伸方向为+ZC 方向，拉伸距离为 20，点击【确定】完成拉伸特征创建，如图 4-171 所示。

图 4-170　草图 4

图 4-171　拉伸毛坯

　　(8) 创建头部拉伸特征。选择 24 层草图曲线，拉伸方向为+ZC 轴，开始距离设为-10，结束距离设为 20，与第上一步创建的拉伸实体求差，点击【确定】完成拉伸特征创建，如图 4-172 所示。

　　(9) 创建中间拉伸特征。选择 23 层草图曲线，开始距离设为-10，结束距离设为 20，拔模角度为-3，与第上一步创建的拉伸实体求差，点击【确定】完成拉伸特征创建，如图 4-173 所示。

图 4-172　创建头部拉伸特征

图 4-173　创建中间拉伸特征

(10) 创建偏移基准面 2。按快捷键"Ctrl+L",出现【图层设置】对话框,在工作图层后输入 63 然后按回车键,再单击鼠标中键退出【图层设置】对话框,点击特征工具条上的基准平面图标🔲,类型设置为自动判断,选择 XC-ZC 基准面,输入距离为 8,如图 4-174所示。

(11) 创建扫掠面引导线。按快捷键"Ctrl+L",出现【图层设置】对话框,在工作图层后输入 25,然后按回车键,再单击鼠标中键退出【图层设置】对话框。选择菜单【插入】→【在任务环境中绘制草图】,直接单击鼠标中键,默认以 YC-ZC 平面为草图放置面、Y轴为水平参考,绘制如图 4-175 所示的草图。

图 4-174　偏移基准面 2

图 4-175　创建扫掠面引导线

(12) 创建扫掠面截面线。按快捷键"Ctrl+L"，出现【图层设置】对话框，在工作图层后输入 26，然后按回车键，再单击鼠标中键退出【图层设置】对话框。选择菜单【插入】→【在任务环境中绘制草图】，选择第(10)步创建的基准面为草图放置面、X 轴为水平参考，绘制如图 4-176 所示的草图，该草图左右对称，建议先对半绘制再镜像。

图 4-176　创建扫掠面截面线

(13) 创建扫掠面。按快捷键"Ctrl+L"，出现【图层设置】对话框，在工作图层后输入 81，然后按回车键，设置 25、26 层可选，再单击鼠标中键退出【图层设置】对话框，点击曲面工具条上的扫掠图标 ，截面线和引导线分别选择 26、25 层草图曲线，单击鼠标中键完成扫掠面创建，如图 4-177 所示。

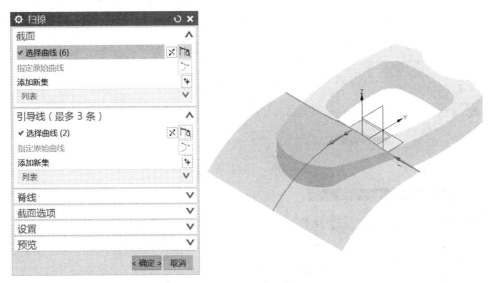

图 4-177　创建扫掠面

(14) 创建拉伸截面草图。按快捷键"Ctrl+L"，出现【图层设置】对话框，在工作图层后输入 27，然后按回车键，再单击鼠标中键退出【图层设置】对话框。选择菜单【插入】→【在任务环境中绘制草图】，选择第(10)步创建的基准面为草图放置面、X 轴为水平参考，绘制如图 4-178 所示的草图。

图 4-178　创建拉伸截面草图

(15) 创建拉伸片体。按快捷键"Ctrl+L"，在出现的【图层设置】对话框中，双击 81 层使之成为工作层，再单击鼠标中键退出【图层设置】对话框，点击特征工具条中的拉伸图标 或按快捷键"X"，选择 27 层草图直线，拉伸方向为+X 方向，对称拉伸距离为 60，如图 4-179 所示。

(16) 作扫描面和拉伸面的桥接面。选择菜单【插入】→【细节特征】→【桥接曲面】，边 1 和边 2 分别选择如图 4-180 所示的高亮显示边，单击鼠标中键完成桥接面创建。

图 4-179　创建拉伸片体

图 4-180　桥接面

(17) 缝合扫描面、拉伸面和桥接面。选择菜单【插入】→【组合】→【缝合】，目标选择任一曲面，工具框选所有曲面，单击鼠标中键完成曲面的缝合，如图 4-181 所示。

图 4-181　缝合片体

(18) 修剪体。按快捷键"Ctrl+L"，在出现的【图层设置】对话框中，双击 1 层使之成为工作层，再单击鼠标中键退出【图层设置】对话框，点击特征工具条上的修剪体图标 ，目标拉伸实体，工具选项选择上一步缝合的曲面，如图 4-182 所示，单击鼠标中键完成修剪体操作。

图 4-182　修剪体

(19) 绘制内部轮廓草图。按快捷键"Ctrl+L"，出现【图层设置】对话框，在工作图层后输入 28，然后按回车键，再单击鼠标中键退出【图层设置】对话框。选择菜单【插入】→【在任务环境中绘制草图】，点击鼠标中键默认以 XC-YC 基准面为草图放置面、X 轴为水平参考，绘制如图 4-183 所示的草图，由于草图左右对称，建议先对半绘制再镜像。

图 4-183　内部轮廓草图

(20) 投影曲线。按快捷键"Ctrl+L", 出现【图层设置】对话框, 在工作图层后输入41, 然后按回车键, 再单击鼠标中键退出【图层设置】对话框。选择菜单【插入】→【派生曲线】→【投影曲线】, 选择 28 层草图曲线, 使之沿+ZC 轴投影至 1 层实体表面, 如图4-184 所示。

图 4-184　投影曲线

(21) 建立偏置曲线。按快捷键"Ctrl+L", 出现【图层设置】对话框, 在工作图层后输入 42, 然后按回车键, 再单击鼠标中键退出【图层设置】对话框。选择菜单【插入】→【派生曲线】→【偏置曲线】, 偏置类型设置为"拔模", 选择 23 层草图曲线, 高度为-5, 点击【确定】将 23 层草图曲线向上偏移 5, 如图 4-185 所示。

图 4-185　偏置曲线

(22) 创建直纹面。按快捷键"Ctrl+L", 出现【图层设置】对话框, 在工作图层后输入 82, 然后按回车键, 再单击鼠标中键退出【图层设置】对话框。选择菜单【插入】→【网格曲面】→【直纹】, 截面线串 1、2 分别选择如图 4-186 所示的高亮显示曲线。注意: 截面线串箭头的起点和指向应一致, 去掉保留形状前的勾, 修改对齐方式为弧长。

图 4-186　创建直纹面

(23) 利用上一步创建的直纹面修剪实体。点击特征工具条上的修剪体图标 ，目标拉伸实体，工具选项选择"面或平面"，即上一步创建的直纹面，如图 4-187 所示，单击鼠标中键完成修剪体操作。

图 4-187　修剪体

(24) 偏置曲线。按快捷键"Ctrl+L"，出现【图层设置】对话框，在工作图层后输入43，然后按回车键，再单击鼠标中键退出【图层设置】对话框。选择菜单【插入】→【派生曲线】→【偏置曲线】，偏置类型设置为"距离"，曲线规则选择单条曲线，选择如图 4-188 所示的高线显示曲线，设置距离为 1.5，点击【确定】完成曲线的偏置。

图 4-188　偏置曲线

(25) 编辑偏置曲线。选择菜单【编辑】→【曲线】→【曲线长度】，出现【曲线长度】对话框，分别选择如图 4-189(a)、(b)所示的一条边，输入开始值为 10，单击鼠标中键完成曲线长度的编辑。

(a) 编辑右侧曲线长度

(b) 编辑左侧曲线长度

图 4-189　编辑偏置曲线

(26) 分割面。点击特征工具条上的分割面图标 🫴，把要分割的面选择实体上表面的 4 个面，分割对象选择上一步编辑后的曲线，投影方向指定为+ZC 轴，点击【确定】完成实体上表面的分割，如图 4-190 所示。

图 4-190　分割面

(27) 对实体头部拔模。点击特征工具条上的拔模图标◉，类型选择"从边"，脱模方向指定为+YC 轴，固定边选择如图 4-191 所示的实体头部编辑曲线所处的边，设置拔模角度为 10，单击鼠标中键完成拔模特征创建。

图 4-191　拔模

(28) 倒 R2 圆角。点击特征工具条上的边倒圆图标◈，选择如图 4-192 所示的高亮显示边，设置圆角半径为 2，单击鼠标中键完成圆角特征创建。

图 4-192　倒圆角

(29) 对实体最大轮廓四周拔模。点击特征工具条上的拔模图标◉，类型选择"从平面或曲面"，脱模方向指定为+ZC 轴，固定面选择实体底面，要拔模的面选择实体周边各面，设置拔模角度为 3，单击鼠标中键完成拔模特征创建，如图 4-193 所示。

(30) 倒 R5 圆角。点击特征工具条上的边倒圆图标◈，选择如图 4-194 所示的高亮显示边，设置圆角半径为 5，单击鼠标中键完成圆角特征创建。

图 4-193　拔模

图 4-194　倒圆角

(31) 倒可变半径圆角。点击特征工具条上的边倒圆图标 ▦，选择如图 4-195(a)所示的高亮显示的各边，设置圆角半径为 5，设置可变半径点位置如图 4-195(a)所示，按照逆时针输入可变半径分别为 R10、R12、R4、R4、R12、R10，点击应用完成圆角的创建；选择如图 4-195(b)所示的高亮显示的各边，设置圆角半径为 8，设置可变半径点位置如图 4-195(b)所示，除实体中间部位两点半径为 R6，其余各点均为 R3，点击【确定】完成圆角的创建。

(32) 创建"爪"部实体毛坯。按快捷键"Ctrl+L"，在出现的【图层设置】对话框中，输入 2 层为工作层按回车键，单机鼠标中键退出【图层设置】对话框，点击特征工具条中的拉伸图标 ▦ 或按快捷键"X"，选择 22 层草图曲线，拉伸方向为+ZC 方向，拉伸开始距离为-20，结束距离为 30，点击【确定】完成拉伸特征创建，如图 4-196 所示。

(a) 外侧角落

(b) 上边缘

图 4-195　倒可变半径圆角

图 4-196　拉伸"爪"部实体毛坯

(33) 创建与"爪"部实体毛坯求差特征。如图 4-197 所示，拉伸 1 层实体的边与 22 层草图曲线存在共有区域，拉伸方向为+ZC 方向，拉伸开始距离为-20，结束距离为 0，与上一步创建的 2 层实体求差，点击【确定】完成拉伸特征创建。

图 4-197　创建与"爪"部实体毛坯求差特征

(34) 绘制要做投影的草图。按快捷键"Ctrl+L"，出现【图层设置】对话框，在工作图层后输入 29，然后按回车键，再单击鼠标中键退出【图层设置】对话框。选择菜单【插入】→【在任务环境中绘制草图】，选择 YC-ZC 基准面为草图放置面、YC 轴为水平参考，绘制如图 4-198 所示的草图，在草图中应先作出 2 层实体相关部位的投影曲线，再将投影曲线转换为参考线，然后再捕捉参考线的端点来绘制圆弧，草图曲线中的一条为圆弧，另一条为一段圆弧和一段直线。

图 4-198　绘制投影草图

(35) 投影上一步绘制草图曲线。按快捷键"Ctrl+L"，出现【图层设置】对话框，在工作图层后输入 45，然后按回车键，再单击鼠标中键退出【图层设置】对话框。选择菜单【插入】→【派生曲线】→【投影曲线】，分别将 29 层草图曲线投影至 2 层实体侧面，投影方向均为+X，如图 4-199(a)、(b)所示。

(a) 投影圆弧

(b) 投影直线及圆弧

图 4-199 投影曲线

(36) 创建修剪或补片网格面。按快捷键"Ctrl+L",在出现的【图层设置】对话框中,设置 83 层为工作层,再单击鼠标中键退出【图层设置】对话框,点击曲面工具条上的通过曲线网格命令 ,选择主曲线和交叉曲线(主曲线和交叉曲线均有 2 条,在最后主线串处约束和实体 2 底部相切),如图 4-200 所示。

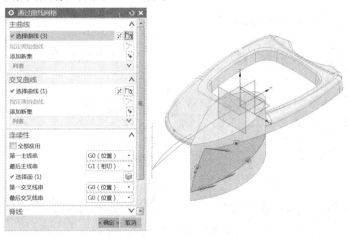

图 4-200 创建网格面

(37) 对 2 层实体进行补片。选择菜单【插入】→【组合】→【补片】，目标选择 2 层实体，工具选择上一步创建的网格曲面，单击鼠标中键去掉实体的下半部分材料，如图 4-201(a)、(b)所示。

(a) 补片目标与工具对象选择

(b) 补片后的结果

图 4-201 补片

(38) 对 2 层实体倒 R10 圆角。点击特征工具条上的边倒圆图标 ，选择如图 4-202 所示的高亮显示边，设置圆角半径为 10，单击鼠标中键完成圆角特征创建。

图 4-202 倒圆角

(39) 创建"爪"位顶部草图。按快捷键"Ctrl+L",出现【图层设置】对话框,在工作图层后输入 30 然后按回车键,再单击鼠标中键退出【图层设置】对话框。选择菜单【插入】→【在任务环境中绘制草图】,选择 XC-YC 基准面为草图放置面、XC 轴为水平参考,绘制如图 4-203 所示的草图,绘制时先绘制矩形,并将矩形转换为参考线,再绘制各段圆弧。

图 4-203　　"爪"位顶部草图

(40) 创建偏移基准面 3。按快捷键"Ctrl+L",出现【图层设置】对话框,在工作图层后输入 64,然后按回车键,再单击鼠标中键退出【图层设置】对话框,点击特征工具条上的基准平面图标 ,类型设置为自动判断,选择 XC-YC 基准面和 XC 轴,输入角度为-10,点击【确定】创建与 XC-YC 面成 10 度夹角的基准面,再选择该平面,输入偏置距离为 20,点击【确定】完成偏置基准面创建,如图 4-204(a)、(b)所示。

(a) 倾斜基准面

(b) 偏置基准面

图 4-204　偏移基准面 3

(41) 投影"爪"位顶部草图曲线。按快捷键"Ctrl+L",出现【图层设置】对话框,在工作图层后输入 46,然后按回车键,再单击鼠标中键退出【图层设置】对话框。选择菜单【插入】→【派生曲线】→【投影曲线】,将 30 层草图曲线投影至上一步创建的偏置基准面上,投影方向为+ZC 轴,如图 4-205 所示。

图 4-205　投影"爪"位顶部草图曲线

(42) 创建"爪"位顶部有界平面 1。按快捷键"Ctrl+L",出现【图层设置】对话框,在工作图层后输入 84,然后按回车键,再单击鼠标中键退出【图层设置】对话框,选择菜单【插入】→【曲面】→【有界平面】,选择上一步创建的投影曲线,单击鼠标中键完成有界平面创建,如图 4-206 所示。

(43) 创建"爪"位侧面通过曲线组曲面。点击曲面工具条上的通过曲线组图标 ◀,截面分别选择第(41)步创建的投影曲线和 2 层实体边(注意两截面起点要对应一致),对齐方式设为"弧长",和上一步创建的有界平面相切约束,如图 4-207 所示。

图 4-206 创建"爪"位顶部有界平面 1

图 4-207 "爪"位侧面通过曲线组曲面

(44) 将前两步创建的有界平面、通过曲线组曲面缝合。选择菜单【插入】→【组合】→【缝合】,目标选择上一步创建的通过曲线组曲面,工具选择有界平面,单击鼠标中键完成曲面的缝合,如图 4-208 所示。

图 4-208 缝合片体

(45) 对 2 层实体进行补片。选择菜单【插入】→【组合】→【补片】，目标选择 2 层实体，工具选择上一步缝合的曲面，单击鼠标中键替换掉 2 层实体上半部分，如图 4-209(a)、(b)所示。

(a) 补片目标与工具

(b) 补片结果

图 4-209   "爪"部实体补片

(46) 创建"爪"位顶部偏置曲线。按快捷键"Ctrl+L"，出现【图层设置】对话框，在工作图层后输入 47，然后按回车键，再单击鼠标中键退出【图层设置】对话框。选择菜单【插入】→【派生曲线】→【偏置曲线】，偏置类型设置为"拔模"，曲线规则选择相连曲线，选择 46 层投影曲线，设置高度为 2，角度为 60，点击【确定】完成曲线的偏置，如图 4-210 所示。

图 4-210   "爪"位顶部偏置曲线

(47) 创建"爪"位顶部有界平面 2。按快捷键"Ctrl+L",出现【图层设置】对话框,在工作图层后输入 84,然后按回车键,再单击鼠标中键退出【图层设置】对话框,选择菜单【插入】→【曲面】→【有界平面】,选择上一步创建的偏置曲线,单击鼠标中键完成有界平面创建,如图 4-211 所示。

图 4-211 "爪"位顶部有界平面 2

(48) 创建"爪"位顶部通过曲线组实体。点击曲面工具条上的通过曲线组图标 ,截面分别选择第(41)步创建的投影曲线和第(46)步创建的偏置曲线(注意两截面起点要对应一致),对齐方式设为"弧长",和上一步创建的有界平面相切约束,设置体类型为实体,如图 4-212 所示。

图 4-212 "爪"位顶部通过曲线组实体

(49) 将 2 层实体和上一步创建的通过曲线组实体求和。点击特征工具条上的求和图标 ,目标选择 2 层实体,工具选择上一步创建的通过曲线组实体,点击鼠标中键确定,如图 4-213 所示。

图 4-213　求和

(50) 将求和后的 2 层实体镜像。选择菜单【插入】→【关联复制】→【镜像几何体】，选择上一步求和后的实体为要镜像的几何体，镜像平面为 YC-ZC 基准面，单击鼠标中键完成实体的镜像，如图 4-214 所示。

图 4-214　镜像几何体

(51) 将 1 层实体和 2 层两实体求和。点击特征工具条上的求和图标，目标选择 1 层实体，工具选择 2 层的两实体，点击鼠标中键确定，如图 4-215 所示。

图 4-215　求和

(52) 挖空实体底面。点击特征工具条上的抽壳图标，选择如图 4-216 所示的实体底面，输入厚度为 1.5，点击鼠标中键完成抽壳特征创建，如挖空不了，可适当增加公差值。

图 4-216 抽壳

(53) 偏置实体中间屏幕面。选择菜单【插入】→【偏置/缩放】→【偏置面】，选择实体中间屏幕面，输入偏置值5，单击鼠标中键将该面沿+ZC轴偏置，如图 4-217 所示。

图 4-217 偏置面

(54) 拉伸"爪"部上表面边线并做镜像操作，点击特征工具条中的拉伸图标 📄 或按快捷键"X"，选择"爪"部上表面边线，拉伸方向为+ZC 方向，拉伸开始距离为-82，结束距离为 59，与产品实体求差，点击确定完成拉伸特征创建，如图 4-218(a)所示。选择菜单【插入】→【关联复制】→【镜像特征】，要镜像的特征选择刚创建拉伸求差特征，镜像平面为 YC-ZC 面，单击鼠标中键完成镜像特征操作，如图 4-218(b)所示。

(a) 拉伸"爪"部上表面边线

(b) 镜像特征

图 4-218　拉伸去除"爪"顶部实体材料

(55) 创建中间细节特征草图 1。按快捷键"Ctrl+L",出现【图层设置】对话框,在工作图层后输入 31,然后按回车键,再单击鼠标中键退出【图层设置】对话框。选择菜单【插入】→【在任务环境中绘制草图】,选择 XC-YC 基准面为草图放置面、XC 轴为水平参考,绘制如图 4-219 所示的草图,其中椭圆长半轴 3,短半轴 1,旋转角度为 60 度,椭圆可以不完全约束。

图 4-219　中间细节特征草图 1

(56) 投影上一步绘制的圆。按快捷键"Ctrl+L",出现【图层设置】对话框,在工作图层后输入 48,然后按回车键,再单击鼠标中键退出【图层设置】对话框。选择菜单【插入】→【派生曲线】→【投影曲线】,选择上一步绘制草图中的圆,使之沿+ZC 轴投影至实体内表面,如图 4-220 所示。

图 4-220　投影曲线

(57) 创建中间细节特征草图 2。按快捷键"Ctrl+L"，出现【图层设置】对话框，在工作图层后输入 32，然后按回车键，再单击鼠标中键退出【图层设置】对话框。选择菜单【插入】→【在任务环境中绘制草图】，选择 YC-ZC 基准面为草图放置面、YC 轴为水平参考，绘制如图 4-221 所示的草图，绘制过程中先利用交点命令 求出草图放置面与上一步投影曲线的交点，再捕捉交点画圆弧。

图 4-221　中间细节特征草图 2

(58) 创建实体中部网格面。按快捷键"Ctrl+L"，出现【图层设置】对话框，设置 85 层为工作层，再单击鼠标中键退出【图层设置】对话框，点击曲面工具条上的通过曲线网格命令 ，选择主曲线和交叉曲线(主曲线分别为两个端点，交叉曲线为 3 段圆弧，点击鼠标中键建立网格面)，如图 4-222 所示。

图 4-222　实体中部网格面

(59) 偏置曲面。选择菜单【插入】→【偏置/缩放】→【偏置曲面】，选择上一步创建的网格，输入偏置值为 1.5，点击鼠标中键将网格面向上偏置，如图 4-223 所示。

图 4-223　偏置曲面

(60) 利用实体上表面对偏移面进行修剪。单击特征工具条上的修剪体图标 🔲，目标选择上一步创建的偏置曲面，工具选项选择实体上表面，保留实体上表面以上的曲面，单击鼠标中键完成修剪体操作，如图 4-224 所示。

图 4-224　修剪体

(61) 对实体进行补片。选择菜单【插入】→【组合】→【补片】，目标选择 1 层实体，工具选择上一步修剪后的网格曲面，单击鼠标中键生成中部实体，如图 4-225 所示。

图 4-225　补片

(62) 拉伸大圆至实体内表面。点击特征工具条中的拉伸图标或按快捷键"X"，选择 31 层草图曲线中的大圆，拉伸方向为+ZC 方向，拉伸开始距离为 4，结束设置为直至下一个，与产品实体求和，偏置设置为两侧，开始为 0，结束为 1.5，点击【确定】完成拉伸特征创建，如图 4-226 所示。

图 4-226　拉伸大圆至实体内表面

(63) 拉伸椭圆并求差。点击特征工具条中的拉伸图标或按快捷键"X"，选择 31 层草图曲线中的椭圆，拉伸方向为+ZC 方向，拉伸开始距离为 4，结束距离为 59，与产品实体求差，点击【确定】完成拉伸特征创建，如图 4-227 所示。

图 4-227　拉伸椭圆求差

(64) 阵列椭圆孔并对椭圆孔上边缘倒圆角。点击特征工具条上的阵列特征图标 ![icon]，如图 4-228(a)所示，选择上一步创建的椭圆孔为要形成阵列的特征，方向一设定为-X 方向，数量为 3，节距为 7，单击鼠标中键完成阵列特征创建。点击特征工具条上的边倒圆图标 ![icon]，选择如图 4-228(b)所示的高亮显示边，设置圆角半径为 0.5，单击鼠标中键完成圆角特征创建。

(a) 阵列椭圆孔

(b) 倒圆角

图 4-228 阵列椭圆孔及倒圆角

(65) 创建偏移基准面 4。按快捷键"Ctrl+L"，出现【图层设置】对话框，在工作图层后输入 65，然后按回车键，再单击鼠标中键退出【图层设置】对话框，点击特征工具条上的基准平面图标 ![icon]，类型设置为自动判断，选择 YC-ZC 基准面，输入偏置距离为±30，如图 4-229(a)、(b)所示。

(a) 建立右侧偏置基准面

(b) 建立左侧偏置基准面

图 4-229 偏移基准面 4

(66) 求截面线。按快捷键"Ctrl+L",出现【图层设置】对话框,在工作图层后输入49,然后按回车键,再单击鼠标中键退出【图层设置】对话框,选择菜单【插入】→【派生曲线】→【截面曲线】,选择实体底面为要剖切的对象,剖切平面选择上一步创建的两基准面,点击鼠标中键完成截面线的创建,如图 4-230 所示。

图 4-230 截面线

(67) 分割面。点击特征工具条上的分割面图标 ，选择实体头部底面为要分割的面,选择上一步创建的两截面线为工具,点击鼠标中键完成分割面操作,如图 4-231 所示。拉伸分割后的曲面,方向+Z,起始为 0,终止为 4,并对侧面增厚 1 个单位,与 1 层实体相减,完成操作后保存文件,如图 4-231 所示。

图 4-231　分割面

(68) 创建产品内侧拉伸切除特征。点击特征工具条中的拉伸图标 █ 或按快捷键"X"，曲线规则选择面的边，选择如图 4-209 所示的分割后的面，拉伸方向为+ZC 方向，拉伸开始距离为 0，结束距离为 4，偏置类型设置为单侧，结束设为 1，与产品实体求差，点击【确定】完成拉伸切除特征创建，如图 4-232 所示。

图 4-232　创建产品内侧拉伸切除特征

(69) 保存文件。按快捷键"Ctrl+L"，在出现的【图层设置】对话框中，设置第 1 层为工作层，关闭其他图层，单击鼠标中键退出【图层设置】对话框，按快捷键"Ctrl+S"保存文件，如图 4-233 所示。

图 4-233　保存文件

模块五

装 配 设 计

一件产品通常由多个零部件构成，产品的设计及建模方法主要有三种，分别是自底向上、自顶向下和混合型(混合使用自底向上和自顶向下)，UG NX 10.0 完全支持以上三种设计及建模方法。自底向上设计及建模方法是指先为每个零件设计及建模，再通过给定相配零件的配对约束关系，得到装配体的设计及建模过程，零部件间不具有相关性；自顶向下设计及建模方法是指在装配环境中创建相关零部件，从装配顶级向下产生子装配和零件的设计及建模过程，该方法使用的一个重要工具是 WAVE 几何连接器，以实现部件与部件之间的几何链接，因零部件间具有相关性，故在产品变更时可一次性更新，从而提高设计的效率。

学习内容及学习目标：

(1) 掌握装配部件定位及约束工具的使用；
(2) 掌握爆炸图的生成技巧；
(3) 掌握装配建模工具 WAVE 几何连接器的使用。

5.1 平口虎钳自底向上装配设计

平口虎钳装配图如图 5-1 所示。

平口虎钳自底向上装配设计的步骤如下：

(1) 新建文件。选择工具栏中的 或按下键盘组合键 "Ctrl+N"，在出现的【新建】对话框中进行设置：模板选择【装配】，默认单位为毫米，在名称栏中输入 "pingkouhuqian_asm1"，文件夹设置为 E:\pingkouhuqian，单击【确定】按钮或按鼠标中键，退出【新建】对话框。

图 5-1　平口虎钳装配图

(2) 添加组件。单击装配工具条上的添加组件工具 ，加入第一个零件底座，定位选择【绝对原点】，单击鼠标中键，将它定位到绝对坐标的原点，如图 5-2 所示。

图 5-2　添加组件

(3) 添加动座。利用添加组件工具 加载动座，定位选择"选择原点"，单击鼠标中键，在工作界面单击一点，将动座加载进来，如图 5-3(a)、(b)所示。

(a) 对话框设置　　　　　　　　　　　　　　　　(b) 放置位置

图 5-3　添加动座

(4) 添加其他组件。重复第(3)步，使用相同的方法载入其他部件，使其他零件分布在底座四周，如图 5-4 所示。

图 5-4　添加其他组件

(5) 底座添加固定约束。单击装配工具条上的装配约束图标，约束类型选择 固定，选择底座后单击【应用】，将底座固定在坐标原点，如图 5-5 所示。

图 5-5　底座添加固定约束

(6) 装配动座步骤 1。单击装配工具条上的装配约束图标，约束类型选择"中心"，子类型选择"2 对 2"，分别选择动座底部凸起两侧面与底座凹槽两侧面(如果方向反了，则可选择反向更改)，单击【应用】或单击鼠标中键，如图 5-6 所示。

图 5-6　装配动座——中心约束

(7) 装配动座步骤 2。单击装配工具条上的装配约束图标，约束类型选择"接触对齐"，方位选择"接触"，分别选择动座圆弧面和底座圆弧面，使两圆弧面接触，单击【应用】或单击鼠标中键，如图 5-7 所示。

图 5-7　装配动座——接触对齐

(8) 装配动座步骤 3。单击装配工具条上的装配约束图标，约束类型选择角度，选择底座上平面与动座水平面，设置初始角度为 180 度，单击【应用】或单击鼠标中键，如图 5-8 所示。

图 5-8　装配动座——角度约束

(9) 装配压块步骤 1。单击装配工具条上的装配约束图标，约束类型选择接触对齐，方位选择自动判断中心/轴，选择压块孔的轴线与底座孔的轴线，单击【应用】或单击鼠标中键，如图 5-9 所示。

图 5-9　装配压块——接触对齐

(10) 装配压块步骤 2。单击装配工具条上的装配约束图标，约束类型选择接触对齐，方位选择接触，分别选择压块底部圆弧面和底座圆弧面，使两圆弧面接触，单击【应用】或单击鼠标中键，如图 5-10 所示。

图 5-10　装配压块——接触对齐

(11) 装配压块步骤 3。单击装配工具条上的装配约束图标，约束类型选择平行，分别选择压块头部平面与动座圆弧凹槽底面，单击【应用】或单击鼠标中键，如图 5-11 所示。

图 5-11　装配压块——平行约束

(12) 装配另一个压块。采用第(9)~(11)步装另一侧的压块，如图 5-12 所示。

图 5-12　装配另一个压块

(13) 装配丝杠螺母固定套步骤 1。单击装配工具条上的装配约束图标，约束类型选择接触对齐，方位选择自动判断中心/轴，选择螺纹固定套的轴线与动座安装孔的轴线，单击【应用】或单击鼠标中键，如图 5-13 所示。

图 5-13 装配丝杠螺母固定套——中心轴重合

(14) 装配丝杠螺母固定套步骤 2。单击装配工具条上的装配约束图标⚒，约束类型选择⚒接触对齐，方位选择⚒对齐，分别选择螺纹固定套端面和动座安装孔端面，单击【应用】或单击鼠标中键，如图 5-14 所示。

图 5-14 装配丝杠螺母固定套——接触对齐

(15) 装配丝杠螺母固定套步骤 3。单击装配工具条上的装配约束图标⚒，约束类型选择⚒接触对齐，方位选择⚒自动判断中心/轴，选择螺纹固定套的锥孔轴线与动座螺纹孔的轴线，单击【应用】或单击鼠标中键，如图 5-15 所示。

图 5-15　中心轴重合

(16) 装配活动钳口步骤 1。单击装配工具条上的装配约束图标🔧，约束类型选择 ⁗‖接触对齐，方位选择 ⁗ 接触，分别选择活动钳口底面和动座键槽孔面，单击【应用】或单击鼠标中键，如图 5-16 所示。

图 5-16　接触对齐

(17) 装配活动钳口步骤 2。单击装配工具条上的装配约束图标🔧，约束类型选择 ⫼中心，子类型选择"2 对 2"，分别选择活动钳口底部两侧面与动座凹槽两侧面，单击【应用】或单击鼠标中键，如图 5-17 所示。

图 5-17　中心约束

(18) 装配活动钳口步骤 3。单击装配工具条上的装配约束图标🔧，约束类型选择 ⊣⊢距离，选择活动钳口端面与动座相应端面，距离初始值设为 0，如图 5-18 所示。

图 5-18　距离约束

(19) 装配丝杠步骤 1。单击装配工具条上的装配约束图标🔧，约束类型选择""接触对齐，方位选择➡自动判断中心/轴，选择丝杠的轴线与螺纹固定套的轴线，单击【应用】或单击鼠标中键，如图 5-19 所示。

图 5-19　中心轴重合

(20) 装配丝杠步骤 2。单击装配工具条上的装配约束图标🔧，约束类型选择""接触对齐，方位选择 接触 ，分别选择丝杠和活动钳口上的圆，单击【应用】或单击鼠标中键，如图 5-20 所示。

图 5-20　接触对齐

（21）装配连杆步骤 1。单击装配工具条上的装配约束图标 🔧，约束类型选择 🔧接触对齐，方位选择 🔧 接触，选择连杆四边形孔的一面与丝杠四边形头部的一面，单击【应用】或单击鼠标中键，如图 5-21 所示。

图 5-21　接触对齐

（22）装配连杆步骤 2。单击装配工具条上的装配约束图标 🔧，约束类型选择 🔧接触对齐，方位选择 🔧 接触，选择连杆四边形的孔与上一步所选相邻的一面和丝杠四边形头部与上一步所选相邻的一面，单击【应用】或单击鼠标中键，如图 5-22 所示。

图 5-22　接触对齐

（23）装配连杆步骤 3。单击装配工具条上的装配约束图标 🔧，约束类型选择 🔧接触对齐，方位选择 🔧 接触，选择连杆底面与丝杠台阶面，单击【应用】或单击鼠标中键，如图 5-23 所示。

图 5-23　接触对齐

(24) 装配手柄步骤 1。单击装配工具条上的装配约束图标 🔩，约束类型选择 ™接触对齐，方位选择 ⊜自动判断中心/轴，选择手柄轴线与连杆孔轴线，单击【应用】或单击鼠标中键，如图 5-24 所示。

图 5-24　接触对齐

(25) 装配手柄步骤 2。单击装配工具条上的装配约束图标 🔩，约束类型选择 ™接触对齐，方位选择 ™接触，选择手柄头部台阶面与连杆对应的一面，单击【应用】或单击鼠标中键，如图 5-25 所示。

图 5-25　接触对齐

(26) 装配完成后，在装配导航器中，右键选择装配约束，在图形窗口中显示约束前面的"√"去掉，模型显示如图 5-26 所示。

图 5-26　更新模型显示

(27) 为了验证平口虎钳运动的可靠性，将距离约束值改为 30，将角度约束值改为 210，如图 5-27(a)、(b)所示，选择菜单【文件】→【全部保存】保存文件。

(a) 修改距离

(b) 修改角度

图 5-27　验证虎钳运动可靠性

5.2　平口虎钳爆炸图制作

平口虎钳爆炸图的设计步骤如下：

(1) 点击爆炸图图标，单击新建爆炸图，接受默认的爆炸图名称。

(2) 单击编辑爆炸图图标，选择活动钳口、丝杠、螺纹固定套、连杆、手柄 5 个零件，切换到移动对象，向+ZC 方向移动一定距离，如图 5-28 所示。

图 5-28　移动组件

(3) 分别选择活动钳口、丝杠螺母固定套、连杆、手柄，移动到如图 5-29 所示的位置，用相同的方法移动动座、两压板。

图 5-29 移动零件

(4) 单击追踪线图标♪，分别选择活动钳口、丝杠、螺纹固定套以及手柄与连杆相应圆心，在活动钳口、丝杠、螺纹固定套以及手柄与连杆制件创建追踪线，如图 5-30 所示。

图 5-30 创建追踪线

5.3 汽缸模型自底向上装配设计

汽缸模型自底向上的装配步骤如下：

(1) 新建文件。选择工具栏中的 📄 或按下键盘组合键 "Ctrl+N"，在出现的【新建】对话框中：模板选择【装配】，默认单位为毫米，在名称栏输入 "qigang_asm1"，文件夹设置为 E:\qigang，单击【确定】按钮或鼠标中键退出【新建】对话框。

(2) 添加支架。单击装配工具条上的添加组件工具 📦⁺，加入第一个零件支架，定位选择 "绝对原点"，单击鼠标中键，将它定位到绝对坐标原点，如图 5-31 所示。

图 5-31　添加支架

(3) 添加带轮。利用添加组件工具 加载带轮，定位选择"选择原点"，单击鼠标中键，然后在工作界面单击一点，将带轮加载进来，如图 5-32 所示。

图 5-32　添加带轮

(4) 添加其他组件。重复第(3)步，使用相同的方法载入其他部件，使其他零件分布在支架四周，如图 5-33 所示。

图 5-33　添加其他零件

(5) 支架添加固定约束。单击装配工具条上的装配约束图标，约束类型选择固定，选择支架后单击【应用】，将支架固定在坐标原点，如图 5-34 所示。

图 5-34　固定约束

(6) 单击装配工具条上的装配约束图标，约束类型选择接触对齐，方位选择接触，分别选择汽缸底面和支架顶面，单击【应用】或单击鼠标中键使两面接触，如图 5-35 所示。

图 5-35　接触对齐

(7) 单击装配工具条上的装配约束图标，约束类型选择接触对齐，方位选择自动判断中心/轴，选择汽缸上一沉头孔轴线与支架相应位置一孔的轴线，单击【应用】或单击鼠标中键，如图 5-36 所示。

图 5-36　中心轴重合

(8) 单击装配工具条上的装配约束图标 ，约束类型选择 接触对齐，方位选择
 自动判断中心/轴，选择汽缸上另一沉头孔轴线与支架相应位置孔的轴线，单击【应用】或
单击鼠标中键，如图 5-37 所示。

图 5-37　中心轴重合

(9) 单击装配工具条上的装配约束图标 ，约束类型选择 接触对齐，方位选择
 自动判断中心/轴，选择汽缸上第三个沉头孔轴线与支架相应位置孔的轴线，单击【应用】
或单击鼠标中键，如图 5-38 所示。

图 5-38　中心轴重合

(10) 单击装配工具条上的装配约束图标 ，约束类型选择 接触对齐 ，方位选择 自动判断中心/轴，选择轴套孔轴线与支架相应位置孔的轴线，单击【应用】或单击鼠标中键，如图 5-39 所示。

图 5-39 中心轴重合

(11) 单击装配工具条上的装配约束图标 ，约束类型选择 接触对齐 ，方位选择 接触 ，分别选择轴套端面和支架侧面，单击【应用】或单击鼠标中键使两面接触，如图 5-40 所示。

图 5-40 接触对齐

(12) 使用第(10)、(11)步装另一侧轴套。

(13) 单击装配工具条上的装配约束图标 ，约束类型选择 接触对齐 ，方位选择 自动判断中心/轴，选择曲轴轴线与轴套孔的轴线，单击【应用】或单击鼠标中键，如图 5-41 所示。

图 5-41　中心轴重合

(14) 单击装配工具条上的装配约束图标　，约束类型选择⫿⫿中心，子类型选择"2 对 2"，分别选择曲轴两侧面与支架两侧面，单击【应用】或单击鼠标中键，如图 5-42 所示。

图 5-42　中心约束

(15) 单击装配工具条上的装配约束图标　，约束类型选择⫿⫿接触对齐，方位选择⫿⫿接触，分别选择键底面和曲轴键槽底面，单击【应用】或单击鼠标中键使两面接触，如图 5-43 所示。

图 5-43　接触对齐

（16）单击装配工具条上的装配约束图标 ，约束类型选择 接触对齐，方位选择 接触，分别选择键侧面和曲轴键槽侧面，单击【应用】或单击鼠标中键使两面接触，如图 5-44 所示。

图 5-44　接触对齐

（17）单击装配工具条上的装配约束图标 ，约束类型选择 接触对齐，方位选择 接触，分别选择键的一个圆弧面和曲轴键槽的一个圆弧面，单击【应用】或单击鼠标中键使两面接触，如图 5-45 所示。

图 5-45　接触对齐

（18）单击装配工具条上的装配约束 图标，约束类型选择 接触对齐，方位选择 自动判断中心/轴，选择带轮轴线与曲轴轴线，单击【应用】或单击鼠标中键，如图 5-46 所示。

图 5-46　中心轴重合

(19) 单击装配工具条上的装配约束图标■，约束类型选择⌐**↑ 接触对齐**，方位选择 ⌐ **接触**，分别选择带轮键槽的一个侧面和键的一个侧面，单击【应用】或单击鼠标中键使两面接触，如图 5-47 所示。

图 5-47　接触对齐

(20) 单击装配工具条上的装配约束图标■，约束类型选择⌐**↑ 接触对齐**，方位选择 ⌐ **接触**，分别选择带轮键槽的另一个侧面和键的另一个侧面，单击【应用】或单击鼠标中键使两面接触，如图 5-48 所示。

图 5-48 接触对齐

(21) 单击装配工具条上的装配约束图标![icon]，约束类型选择![icon]接触对齐，方位选择![icon]接触，分别选择带轮的一个端面和曲轴相应的台阶面，单击【应用】或单击鼠标中键使两面接触，如图 5-49 所示。

图 5-49 接触对齐

(22) 单击装配工具条上的装配约束图标🔧，约束类型选择🔩接触对齐，方位选择 🔩自动判断中心/轴，选择活塞轴线与汽缸孔轴线，若方向反了可点击【反向】进行调整，单击【应用】或单击鼠标中键，如图 5-50 所示。

图 5-50　中心轴重合

(23) 单击装配工具条上的装配约束图标🔧，约束类型选择🔩接触对齐，方位选择 🔩自动判断中心/轴，选择销子轴线与活塞上孔轴线，单击【应用】或单击鼠标中键，如图 5-51 所示。

图 5-51　中心轴重合

(24) 单击装配工具条上的装配约束图标 ![icon]，约束类型选择 ⊪中心，子类型选择"2对 2"，分别选择销子两侧面与曲轴两侧面，单击【应用】或单击鼠标中键，如图 5-52 所示。

图 5-52 中心约束

(25) 单击装配工具条上的装配约束图标 ![icon]，约束类型选择 ⊪接触对齐，方位选择 ⊕自动判断中心/轴，选择连杆大孔轴线与曲轴相应位置轴线，单击【应用】或单击鼠标中键，如图 5-53 所示。

图 5-53 中心轴重合

(26) 单击装配工具条上的装配约束图标 ![icon]，约束类型选择 ⊪中心，子类型选择"2对 2"，分别选择连杆两侧面与曲轴两侧面，单击【应用】或单击鼠标中键，如图 5-54 所示。

图 5-54　中心约束

(27) 单击装配工具条上的装配约束图标 ，约束类型选择 接触对齐，方位选择 自动判断中心/轴，选择连杆小孔轴线与销子轴线，单击【应用】或单击鼠标中键，如图 5-55 所示。

图 5-55　中心轴重合

(28) 装配完成后，在装配导航器中，右键选择装配约束，在图形窗口中显示约束前面的 "√" 去掉，选择菜单【文件】→【全部保存】保存文件，如图 5-56 所示。

图 5-56　保存文件

5.4　迷你充电器自顶向下装配设计

迷你充电器自顶向下装配设计的步骤如下：

(1) 新建文件。选择工具栏中的 [新建] 或按下键盘组合键 "Ctrl+N"，在出现的【新建】对话框中：模板选择【模型】，默认单位为毫米，在名称栏输入 "charge"，文件夹设置为 E:\product design\charge，单击【确定】按钮或鼠标中键退出【新建】对话框。

(2) 创建球。点击特征工具条上的球图标 ⚫，类型选择中心点和直径，设置球直径为 60 mm，点击【确定】即默认在坐标原点创建球，结果如图 5-57 所示。

图 5-57　创建球

(3) 缩放球体成椭球体。选择菜单【插入】→【偏置/缩放】→【缩放体】，类型选择 "常规"，选择上一步创建的球体，指定 X、Y、Z 向比例因子分别为 0.65、0.7、0.35，点击【确定】完成缩放体操作，将球体变成椭球体，如图 5-58 所示。

图 5-58   缩放球体成椭球体

    (4) 抽取椭球体。选择菜单【插入】→【关联复制】→【抽取几何特征】，类型选择体，选择上一步缩放后的椭球体，打上固定于当前时间戳记前的 "√"，点击【确定】完成椭球体的复制，如图 5-59 所示。

图 5-59   抽取椭球体

    (5) 对抽取前后的椭球体分别进行修剪。点击特征工具条上的修剪体图标，目标分别选择抽取前后的椭球体，工具选择 XC-ZC 基准面，一个保留上半部分，一个保留下半部分，如图 5-60(a)、(b)所示，单击鼠标中键完成修剪体操作。

(a) 修剪掉下半部分

(b) 修剪掉上半部分

图 5-60 修剪椭球体

(6) 缩放下半部分椭球体。选择菜单【插入】→【偏置/缩放】→【缩放体】，类型选择"常规"，选择下半部分椭球体，指定 X、Y、Z 向比例因子分别为 1、1.8、1，点击【确定】完成缩放体操作，如图 5-61 所示。

图 5-61 缩放体

(7) 两部分实体求和生成充电器实体毛坯。点击特征工具条上的求和图标 ，目标选择上半部分椭球体，工具选择下半部分缩放后的椭球体，点击【确定】，如图 5-62 所示。

图 5-62 求和

(8) 抽取等斜度曲线。按快捷键"Ctrl+L"，在出现的【图层设置】对话框中，输入 41 层为工作层，然后按回车键，单机鼠标中键退出【图层设置】对话框，选择菜单【插入】→【派生曲线】→【抽取】，点击等斜度曲线，矢量选择+ZC 轴后单击鼠标中键，输入角度为 0 后单击鼠标中键，选择上一步求和后的实体，点击鼠标中键完成 Z 向等斜度曲线的抽取，如图 5-63 所示。

图 5-63　等斜度曲线

(9) 编辑曲线。选择菜单【编辑】→【曲线】→【曲线长度】，在出现的【曲线长度】对话框中，选择图 5-64(a)所示曲线，输入开始值和结束值均为-10，单击鼠标中键完成该曲线长度的编辑。按"F4"键重复使用编辑曲线长度命令，选择图 5-64(b)所示的曲线，输入开始值和结束值均为-5，单击鼠标中键完成该曲线长度的编辑。

(a) 编辑上部曲线

(b) 编辑下部曲线

图 5-64　编辑曲线

(10) 绘制艺术样条曲线。选择菜单【插入】→【曲线】→【艺术样条】，在出现的【艺术样条】对话框中，类型选择"根据极点"，曲线次数设置为 4，绘制如图 5-65(a)、(b)所示艺术样条曲线，设置两艺术样条端点处均和编辑曲线长度后的两曲线相切。

(a) 绘制左侧艺术样条曲线

(b) 绘制右侧艺术样条曲线

图 5-65　绘制艺术样条曲线

(11) 绘制修剪实体草图。按快捷键"Ctrl+L"，出现【图层设置】对话框，在工作图层后输入 21，然后按回车键，再单击鼠标中键退出【图层设置】对话框。选择菜单【插入】→【在任务环境中绘制草图】，直接单击鼠标中键，默认以 XC-YC 平面为草图平面、X 轴为平参考，绘制如图 5-66 所示的草图。

图 5-66　修剪实体草图

(12) 拉伸修剪实体的片体。按快捷键"Ctrl+L"，出现【图层设置】对话框，在工作图层后输入 81，然后按回车键，再单击鼠标中键退出【图层设置】对话框。点击特征工具条中的拉伸图标 或按快捷键"X"，选择上一步绘制的草图曲线，拉伸方向为+ZC 方向，对称拉伸距离为 25，如图 5-67 所示。

图 5-67　拉伸修剪实体的片体

(13) 修剪体。点击特征工具条上的修剪体图标 ，目标分别选择实体毛坯，工具分别选择左右两侧拉伸片体，分别修剪掉片体之间的材料，如图 5-68(a)、(b)所示，单击鼠标中键完成修剪体操作。

模块五 装配设计 ·235·

(a) 修剪左侧实体

(b) 修剪左侧实体

图 5-68　修剪右侧实体

(14) 构建产品两侧渐消面。按快捷键"Ctrl+L"，出现【图层设置】对话框，在工作图层后输入 82，然后按回车键，再单击鼠标中键退出【图层设置】对话框。点击曲面工具条上的通过命令 曲线网格，分别选择一侧主曲线和交叉曲线(主曲线有 2 条，交叉曲线有 3 条，在第一主线串、最后主线串、第一交叉线串、最后交叉线串均约束和实体表面相切)，重复上述操作完成另一侧渐消面创建，如图 5-69(a)、(b)所示。

(a) 左侧渐消面

(b) 右侧渐消面

图 5-69　创建渐消面

(15) 对实体补片。选择菜单【插入】→【组合】→【补片】，目标选择产品实体，工具选择左侧渐消面，单击鼠标中键用对左侧渐消面内填充实体，重复同样操作完成另一侧渐消面创建，如图 5-70(a)、(b)所示。

(a) 左侧补片

(b) 右侧补片

图 5-70　补片

(16) 绘制拆分零件草图。按快捷键 "Ctrl+L"，出现【图层设置】对话框，在工作图层后输入 22，然后按回车键，再单击鼠标中键退出【图层设置】对话框。选择菜单【插入】→【在任务环境中绘制草图】，直接单击鼠标中键，默认以 XC-YC 平面为草图平面、X 轴为平参考，绘制如图 5-71 所示的草图。

图 5-71 拆分零件草图

(17) 抽取椭球体。选择菜单【插入】→【关联复制】→【抽取体】，部件选择"工作部件"，选择产品实体，打上固定于当前时间戳记前的"√"，点击【确定】完成产品实体的复制，如图 5-72 所示。

图 5-72 抽取椭球体

(18) 拉伸拆分盖子的片体。按快捷键 "Ctrl+L"，出现【图层设置】对话框，在工作图层后输入 83，然后按回车键，再单击鼠标中键退出【图层设置】对话框。点击特征工具条中的拉伸图标或按快捷键 "X"，按下相交处停止图标并选择 22 层草图曲线中的三段曲线，拉伸方向为+ZC 方向，对称拉伸距离为 25，如图 5-73 所示。

图 5-73　拉伸拆分盖子片体

(19) 修剪掉实体下半部分。点击特征工具条上的修剪体图标 ，目标选择实体毛坯 "选择体(1)"，工具选择"面或平面"，修剪掉实体下部分材料，如图 5-74 所示，单击鼠标中键完成修剪体操作。

图 5-74　修剪体

(20) 倒 R5、R10 圆角。点击特征工具条上的边倒圆图标 ，选择如图 5-75 所示的实体左侧的一条边，设置圆角半径为 5，单击添加新集按钮 ，选择实体右侧一条边，设置相应圆角半径为 10，单击鼠标中键完成圆角特征创建。

图 5-75　倒圆角

(21) 抽壳。点击特征工具条上的抽壳图标，选择如图 5-76 所示的盖子底面，输入厚度为 1.2，点击鼠标中键完成抽壳特征创建。

图 5-76 抽壳

(22) 往实体两侧投影 22 层草图中的椭圆。按快捷键 "Ctrl+L"，出现【图层设置】对话框，在工作图层后输入 41，然后按回车键，再单击鼠标中键退出【图层设置】对话框。选择菜单【插入】→【派生曲线】→【投影曲线】，选择 22 层草图中的椭圆，投影方向沿+ZC 轴，投影选项选择 "投影两侧"，单击鼠标中键将 22 层草图中的椭圆投影至实体两侧内表面，如图 5-77 所示。

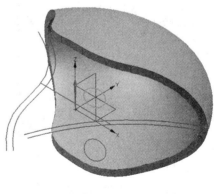

图 5-77 投影曲线

(23) 创建盖子内部两侧 N 边面。按快捷键 "Ctrl+L"，出现【图层设置】对话框，在工作图层后输入 84，然后按回车键，再单击鼠标中键退出【图层设置】对话框，点击曲面工具条上的 N 边曲面图标，类型选择 "三角形"，分别选择上一步创建的投影曲线，在形状控制中心选择位置，设置 X、Y、Z 位置分别为 50、50、48.5，如图 5-78(a)、(b)所示，单击鼠标中键完成 N 边曲面的创建。

(a) 内侧上部 N 边面

(b) 内侧下部 N 边面

图 5-78　内侧 N 边面

(24) 对盖子实体补片。选择菜单【插入】→【组合】→【补片】，目标选择"选择体(1)"，工具选择上一步创建的 N 边曲面一侧，单击鼠标中键完成对一侧的补片操作，重复上述操作完成另一侧实体补片，如图 5-79(a)、(b)所示。执行这步操作后在盖子内部两个侧面形成了侧凹，此处的侧凹深度不能太大，应小于 0.5，以保证产品能强制脱模，这也是上一步将 Z 向位置设置为 48.5 的原因。

(a) 内侧上部补片

(b) 内侧下部补片

图 5-79　补片

(25) 对产品毛坯实体求差。点击特征工具条上的求差图标 ，目标为产品毛坯实体，工具盖子，勾选保存工具前面的 "√"，点击鼠标中键完成挖腔特征创建，如图 5-80 所示。

图 5-80　求差

(26) 创建修剪产品下部分实体的基准面。按快捷键 "Ctrl+L"，出现【图层设置】对话框，在工作图层后输入 62，然后按回车键，再单击鼠标中键退出【图层设置】对话框，点击特征工具条上的基准平面图标 ，类型设置为 "按某一距离"，选择 XC-ZC 基准面，输入偏置距离为 12，点击【确定】完成偏置基准面创建，如图 5-81 所示。

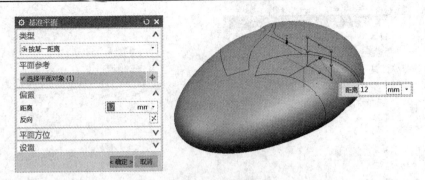

图 5-81　创建基准面

(27) 修剪产品下部分实体。点击特征工具条上的修剪体图标 ，目标选择产品下部分实体，工具选择上一步创建的基准面，修剪掉实体上部分材料，如图 5-82 所示，单击鼠标中键完成修剪体操作。

图 5-82　修剪体

(28) 倒 R2 圆角。点击特征工具条上的边倒圆图标 ，选择如图 5-83 所示的高亮显示边，设置圆角半径为 2，单击鼠标中键完成圆角特征创建。

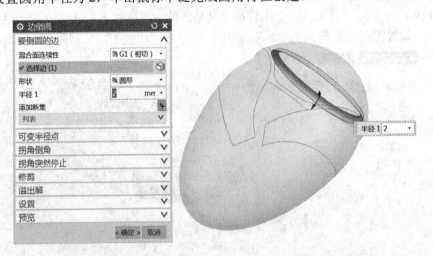

图 5-83　倒圆角

(29) 创建产品下部分实体上的孔。点击特征工具条中的拉伸图标 或按快捷键 "X"，按下选择 22 层草图曲线中的孔，拉伸方向为 +ZC 方向，对称拉伸距离为 25，与产品下部分实体求差，如图 5-84 所示。

图 5-84 拉深创建产品实体孔

(30) 倒斜角。点击特征工具条上倒斜角图标 ![]，横截面选择"非对称"，选择如图 5-85(a)、(b)所示两条边，输入距离 1 为"1"，距离 2 为"2"，单击鼠标中键完成倒斜角特征创建，至此完成充电器实体毛坯的创建，然后拆分各零件。

(a) 上边缘倒斜角

(b) 下边缘倒斜角

图 5-85 倒斜角

(31) 点击图标 选择装配，再点击装配工具条上的新建组件图标 ，在出现的【新建】对话框中：模板选择【模型】，默认单位为毫米，在名称栏输入 "cover"，文件夹设置为 E:\product design\charge，连续单击鼠标中键两次，建立 cover 新组件，重复上述的操作建立 left、right 两个新组件，在装配导航器中可以查看到刚刚建立的三个组件，如图 5-86 所示。该步也可以使用另一种操作方法：在装配导航器中空白处单击鼠标右键，勾选 WAVE 模式，右键选中总装配 charge，选择 WAVE→新建级别，在【新建级别】对话框部件名后输入 "cover" 再按回车键，再单击鼠标中键完成建立 cover 新组件，重复上述的操作步骤，建立 left、right 两个新组件。

图 5-86　新建三组件

(32) 链接盖子毛坯。将 cover 转为工作部件，在装配导航器中右键选中 "cover"，出现右键快捷菜单，选择设为 "工作部件"，点击装配工具条上的 WAVE 几何链接器图标 ，类型选择 "体"，选择盖子毛坯实体，点击【确定】完成盖子毛坯的链接。

(33) 对盖子偏置面。将 cover 转为显示部件，在装配导航器中右键选中 "cover"，出现右键快捷菜单，选择设为显示部件，选择菜单【插入】→【偏置/缩放】→【偏置面】，选择盖子底部面，偏置值设为 0.2，单击鼠标中键将盖子底部面向内偏置，如图 5-87 所示。

图 5-87　偏置面

(34) 链接左盖毛坯。将 left 转为工作部件，在装配导航器中右键选中 "left"，出现右键快捷菜单，选择设为 "工作部件"，点击装配工具条上的 WAVE 几何链接器图标 ，类型选择 "体"，选择左盖毛坯实体，点击【确定】完成左盖毛坯的链接；按快捷键 "Ctrl+L"，出现【图层设置】对话框，在工作图层后输入 71，然后按回车键，再单击鼠标中键退出【图层设置】对话框，点击装配工具条上的 WAVE 几何链接器图标 ，类型选择 "基准"，框选选择 "绝对坐标系"，点击【确定】完成绝对坐标系的链接。

(35) 对左盖进行修剪体操作。将 left 转为显示部件，在装配导航器中右键选中 "left"，出现右键快捷菜单，选择设为 "显示部件"，点击特征工具条上的修剪体图标 ，目标选择实体毛坯，工具选择 XC-YC 基准面，修剪掉实体上部分材料，如图 5-88 所示，单击鼠标中键完成修剪体操作。

图 5-88 修剪体

(36) 点击特征工具条上的抽壳图标🔲，选择如图 5-89 所示的左盖底面，输入厚度为 1，点击鼠标中键完成抽壳特征创建。

图 5-89 抽壳

(37) 偏置面。选择菜单【插入】→【偏置/缩放】→【偏置面】，选择左盖底部平面，偏置值设为 0.2，点击【确定】将左盖底部面向内偏置，选择柱位底部平面，偏置值设为 1，点击【确定】将柱位底部平面向内偏置，如图 5-90(a)、(b)所示。

(a) 偏置底部平面

(b) 偏置柱位底部面

图 5-90 偏置面

(38) 倒 R0.5 圆角。点击特征工具条上的边倒圆图标，选择如图 5-91 所示的高亮显示的两条边，设置圆角半径为 0.5，单击鼠标中键完成圆角特征创建。

图 5-91 倒圆角

(39) 创建咬边特征。点击特征工具条中的拉伸图标或按快捷键"X"，选择左盖底部内侧实体边，拉伸方向为+ZC 方向，开始距离为-0.5，结束距离为 0.5，偏置类型设为"两侧"，开始为-0.2，结束为 0.45，与左盖实体求差，点击【确定】完成咬边特征创建，如图 5-92 所示。

图 5-92 创建咬边特征

(40) 倒 **R1 圆角**。点击特征工具条上的边倒圆图标 ◻，选择如图 5-93 所示的高亮显示的边，设置圆角半径为 1，单击鼠标中键完成圆角特征创建。

图 5-93 倒圆角

(41) **链接右盖毛坯**。将 right 转为工作部件，在装配导航器中右键选中"right"，出现右键快捷菜单，选择设为工作部件，点击装配工具条上的 WAVE 几何链接器图标 ◌，类型选择"体"，选择右盖毛坯实体，点击【确定】完成右盖毛坯的链接；按快捷键"Ctrl+L"，出现【图层设置】对话框，在工作图层后输入 72，然后按回车键，再单击鼠标中键退出【图层设置】对话框，点击装配工具条上的 WAVE 几何链接器图标 ◌，类型选择"基准"，在绘图区框选选择"绝对坐标系"，点击【确定】完成绝对坐标系的链接。

(42) **对右盖进行修剪体操作**。将 right 部件转为显示部件，在装配导航器中右键选中"right"，出现右键快捷菜单，选择设为"显示部件"，点击特征工具条上的修剪体图标 ◻，目标选择"选择体(1)"，工具选择"面或平面"，修剪掉实体下部分材料，如图 5-94 所示，单击鼠标中键完成修剪体操作。

图 5-94 修剪体

(43) 点击特征工具条上的抽壳图标 ◻，选择如图 5-95 所示的右盖底面，输入厚度为 1，点击鼠标中键完成抽壳特征创建。

图 5-95　抽壳

(44) 倒 R0.5 圆角。点击特征工具条上的边倒圆图标 🔲，选择如图 5-96 所示的高亮显示的两条边，设置圆角半径为 0.5，单击鼠标中键完成圆角特征创建。

图 5-96　倒圆角

(45) 偏置面。选择菜单【插入】→【偏置/缩放】→【偏置面】，选择左盖底部平面，偏置值设为 0.2，点击【确定】将右盖底部面向内偏置，选择柱位底部平面，偏置值设为 1，点击【确定】将柱位底部平面向内偏置，如图 5-97(a)、(b)所示。

(a) 偏置右盖底部平面

(b) 偏置柱位底部面

图 5-97 偏置面

(46) 创建咬边特征。点击特征工具条中的拉伸图标 或按快捷键"X"，选择右盖底部内侧实体边，拉伸方向为+ZC方向，开始距离为0，结束距离为0.5，偏置类型设为两侧，开始为0，结束为0.4，与右盖实体求和，点击【确定】完成咬边特征创建，如图5-98所示。

图 5-98 创建咬边特征

(47) 绘制艺术样条曲线。按快捷键"Ctrl+L"，出现【图层设置】对话框，在工作图层后输入42，然后按回车键，再单击鼠标中键退出【图层设置】对话框，选择菜单【插入】→【曲线】→【艺术样条】，类型选择"根据极点"，曲线次数设置为3，绘制如图5-99所示的艺术样条曲线。

图 5-99　绘制艺术样条曲线

(48) 插入文字。选择菜单【插入】→【曲线】→【文本】，类型选择曲线上，选择上一步绘制的曲线，在文本属性中输入"佛职"，将文字高度和间距调整到合适大小，点击【确定】完成文字的创建，如图 5-100 所示。

图 5-100　插入文字

(49) 偏置曲面。按快捷键"Ctrl+L",出现【图层设置】对话框,在工作图层后输入 85,然后按回车键,再单击鼠标中键退出【图层设置】对话框,选择菜单【插入】→【偏置/缩放】→【偏置曲面】,选择右盖实体上表面,输入偏置值为0.2,点击【确定】把右盖实体上表面向内侧偏置,如图5-101所示。

图5-101 偏置曲面

(50) 在实体上创建文字。点击特征工具条中的拉伸图标 或按快捷键"X",选择第(48)步创建的文字,拉伸方向为+ZC方向,开始设置为"直至选定",选择上一步创建的偏置曲面,结束距离为10,与右盖实体求差,点击【确定】完成实体上文字的创建,如图5-102所示。

图5-102 在实体上创建文字

(51) 倒R1圆角。点击特征工具条上的边倒圆图标 ,选择如图5-103所示的高亮显示的两条边,设置圆角半径为1,单击鼠标中键完成圆角特征创建。

图 5-103　倒圆角

(52) 保存文件。将 charge 总装配设为工作部件, 给各子组件设置相应颜色, 选择菜单
【文件】→【全部保存】保存文件, 如图 5-104 所示。

图 5-104　保存文件

模块六

工程图设计

　　利用 UG NX 的实体建模模块创建的零件和装配体主模型,可以引用到 UG NX 的工程图模块中,可通过投影快速地生成二维工程图。由于 UG NX 的工程图功能是基于创建三维实体模型的投影所得到的,因此其工程图与三维实体模型是完全相关的,实体模型进行的任何编辑操作都会在三维工程图中引起相应的变化。用户的主要工作是在投影视图之后,完成图纸需要的其他信息的绘制、标注、说明等。本章主要介绍 UG 软件的制图模块功能。

　🔲 学习内容及学习目标:

　(1) 掌握 UG NX 工程图的基本操作。
　(2) 掌握 UG NX 视图的基本操作。
　(3) 掌握 UG NX 工程图的标注功能。
　(4) 掌握 UG NX 导出 CAD 图的基本操作。
　(5) 掌握将 CAD 图导入 UG NX 中的基本操作。

6.1　创建工程图的基本步骤

　　创建工程图的基本步骤如下:
　(1) 新建图纸,设置图纸格式,进行制图预设置。
　(2) 创建一般视图。
　(3) 根据设计需要,创建其他视图,如投影视图、辅助视图、详细视图、旋转视图以及剖视图等,表达方法可以采用全视图、半视图或局部视图等。
　(4) 进行尺寸及其他技术指标的标注。
　(5) 对工程图进行编辑。
　(6) 填写明细栏。

6.2　工程图创建与视图操作实例 1

(1) 进入制图环境。打开 3.1.1 节创建的 dizuo.prt 零件的三维模型文件，点击【启动】→【制图】命令或按快捷键 "Ctrl+Shift+D"，进入工程图环境。

(2) 新建图纸页。选中菜单【插入】→【图纸页】或点击图纸工具条上的 图标，弹出【图纸页】对话框，选择【标准尺寸】大小选择 A3-297×420，单位选择【毫米】，投影选择第一角投影，取消选中【始终启动视图创建】，如图 6-1 所示，点击【确定】按钮完成图纸页的创建。

图 6-1　新建图纸页

(3) 制图预设置。UG NX 的默认设置是国际通用的制图标准，其中的很多选项不符合我国的国家标准，所以在创建工程图之前，为了提高工作效率，一般需要对工程图的参数进行预设置，避免后续的大量修改工作。通过工程图参数的预设置，可以控制箭头的大小和形式、线条的粗细、不可见线的显示与否、标注样式和字体大小等，但这些预设置只对当前文件和以后添加的视图有效，而对于在设置之前添加的视图则需要通过视图编辑来修改。具体操作方法为：选择菜单栏中的【首选项】→【制图】，系统弹出【制图首选项】对话框。

① 预设置视图参数。选择视图中的【可见线】选项卡，颜色设置为黑色，将可见线设置为粗实线，如图 6-2(a)所示；选择视图中的【隐藏线】选项卡，勾选【处理隐藏线】，颜色设置为黑色，线型设置为虚线，如图 6-2(b)所示；选择视图中的【虚拟交线】选项卡，勾选【显示虚拟交线】，颜色设置为黑色，如图 6-2(c)所示；选择视图中的【光顺边】选项

卡，勾选【显示光顺边】，颜色设置为黑色，如图 6-2(d)所示；选择视图中的"截面线"选项卡，设置类型为 ，如图 6-2(e)所示。

(a)【可见线】选项卡

(b)【隐藏线】选项卡

(c)【虚拟交线】选项卡

(d)【光顺边】选项卡

(e)【截面线】选项卡

图 6-2　预设置视图参数

② 设置剖面线和中心线。选择【注释】中的【剖面线/区域填充】选项卡，设置剖面线颜色为蓝色，如图 6-3(a)所示；选择注释中的【中心线】选项卡，设置中心线颜色为红色，如图 6-3(b)所示。

(a) 【剖面线/区域填充】选项卡

(b) 【中心线】选项卡

图 6-3　设置剖面线和中心线

③ 设置尺寸参数。选择【尺寸】中的【文本】选项卡下面的【单位】，设置单位为毫米，勾选【显示前导零】和【显示后置零】，如图 6-4(a)所示；选择【附加文本】，设

置文字颜色为黑色，字体为中文简体，文字高度为 3.5，其余参数均为 0.5，勾选【应用于整个尺寸】，如图 6-4(b)所示。【附加文本】【尺寸文本】选项卡的设置如图 6-4(c)、(d)所示。

(a)　【单位】选项卡

(b)　【附加文本】选项卡

(c)　【尺寸文本】选项卡

(d)　【公差文本】选项卡

图 6-4　设置尺寸参数

　　(4) 添加俯视图。点击菜单【插入】→【视图】→【基本】或单击图纸工具条上的 图标，弹出【基本视图】对话框，在对话框中进行如图 6-5(a)所示的设置，然后在图纸虚线框内部合适位置点击鼠标左键，添加模型的俯视图，如图 6-5(b)所示。

(a)【基本视图】对话框　　　　　　　　(b) 放置位置

图 6-5　添加俯视图

(5) 添加全剖视图作为主视图。点击菜单【插入】→【视图】→【剖视图】或单击图纸工具条上的 图标，弹出【剖视图】对话框，选项设置如图 6-6(a)所示，点选俯视图中的 R5 圆弧圆心，再往上方点击某适当位置，添加全剖视图，左键选中该剖视图，在弹出的关联菜单中点击设置图标，将隐藏线设为不可见，取消勾选【显示光顺边】，显示结果如图 6-6(b)所示。

(a)【剖视图】对话框　　　　　　　　(b) 放置位置

图 6-6　添加全剖视图

(6) 添加侧视图。左键选中主视图，点击菜单【插入】→【视图】→【投影】或单击

图纸工具条上的 ✏ 图标，弹出【投影视图】对话框，在主视图右方点击某适当位置，添加投影视图，如图 6-7 所示。

图 6-7　添加侧视图

　　(7) 绘制剖切矩形。选中上一步创建的投影视图，单击右键选择【激活草图】，绘制如图 6-8 所示的矩形，该矩形为下一步创建局部剖视图的剖切范围。

图 6-8　绘制剖切矩形

(8) 创建局部剖视图。选中上一步创建的投影视图，点击菜单【插入】→【视图】→
【局部剖】或单击图纸工具条上的 ▨ 图标，弹出【局部剖】对话框，指定基点为主视图
中直径为 80 的圆的圆心，拉伸矢量方向为水平向左，选择上一步绘制的矩形为剖切范围
曲线，点击【应用】完成局部剖视图的创建，如图 6-9 所示。

图 6-9　创建局部剖视图

(9) 编辑局部剖视图。左键选中局部剖视图，在弹出的关联菜单中点击设置图标 𝐀，
将隐藏线设为不可见，取消勾选【显示光顺边】，将该剖视图对称中心线位置的可见线隐
藏，点击菜单【插入】→【中心线】→【2D 中心线】或单击注释工具条上的 ⊞ 图标，添
加如图 6-10 所示的中心线。

图 6-10　添加中心线

(10) 添加轴侧图。点击菜单【插入】→【视图】→【基本】或单击图纸工具条上的 图标，弹出【基本视图】对话框。在该对话框中进行如图 6-11(a)所示的设置，然后在图纸虚线框内部合适位置点击鼠标左键，添加模型的轴侧图，框选刚建立的轴侧图，然后按"Delete"键将中心线删除，如图 6-11(b)所示。

(a)【基本视图】对话框　　　　　　　(b) 放置位置

图 6-11　添加轴侧图

(11) 标注尺寸。点击菜单【插入】→【尺寸】→【快速尺寸】或单击尺寸工具条上的 图标，标注如图 6-12 所示的尺寸。

图 6-12　标注尺寸

(12) 添加技术要求。依次点击菜单【插入】→【注释】→【注释】或点击注释工具条上的 Ⓐ 图标，在图纸中的合适位置添加其技术要求，如图 6-13 所示，保存文件。

图 6-13　添加技术要求

6.3　工程图创建与视图操作实例 2

(1) 进入制图环境。打开三维装配模型 pingkouhuqian_asm1.prt，点击【启动】→【制图】命令或按快捷键"Ctrl+Shift+D"，进入工程图环境。

(2) 新建图纸页。选中菜单【插入】→【图纸页】或点击图纸工具条上的 🗒 图标，弹出【图纸页】对话框，选择【标准尺寸】大小选择 A2-420×594，单位选择【毫米】，投影选择第一角投影，取消选中【始终启动视图创建】，如图 6-14 所示，点击【确定】按钮完成图纸页的创建。

(3) 制图预设置。参考实例一进行制图预设置操作。

(4) 添加俯视图。依次点击菜单【插入】→【视图】→【基本】或点击图纸工具条上的 🖼 图标，弹出【基本视图】对话框，在对话框中进行如图 6-15(a)所示的设置，然后在图纸虚线框内部合适位置点击鼠标左键，添加模型的俯视图，如图 6-15(b)所示。

图 6-14　新建图纸页

(a)【基本视图】对话框　　　　　　　　　　　　(b) 放置位置

图 6-15　添加俯视图

(5) 添加主视图剖视图。依次点击菜单【插入】→【视图】→【剖视图】或点击图纸工具条上的 图标，弹出【剖视图】对话框。选项设置如图 6-16(a)所示，点击剖切点，再点击上方空白处，如图 6-16(b)所示。

(a)【剖视图】对话框　　　　　　　　　　　　(b) 放置位置

图 6-16　添加主视图剖视图

(6) 添加侧剖视图。依次点击菜单【插入】→【视图】→【剖视图】或点击图纸工具条上的 图标，弹出【剖视图】对话框。选项设置如图 6-17(a)所示，点击剖切点，再点击上方空白处，如图 6-17(b)所示。

(a) 【基本视图】对话框

(b) 放置位置

图 6-17　添加侧剖视图

(7) 标注尺寸。依次点击菜单【插入】→【尺寸】→【快速尺寸】或点击尺寸工具条上的 图标，标注如图 6-18 所示的尺寸。

(8) 添加技术要求。依次点击菜单【插入】→【注释】→【注释】或点击注释工具条上的 A 图标，在图纸中的合适位置添加其技术要求，如图 6-19 所示。

(9) 添加零件明细表。依次点击菜单【插入】→【表格】→【零件明细表】，在图纸合适位置放置明细表，如图 6-20 所示。

(10) 添加零件序号。依次点击菜单【插入】→【表格】→【自动符号标注】，点击零件明细表，再点击【确定】，然后选择主视图，点击【确定】，如图 6-21(a)、(b)所示。

图 6-18　标注尺寸

图 6-19　添加技术要求

图 6-20　插入明细表

(a) 选择主视图

(b) 球标创建结果

图 6-21　添加零件序号

(11) 调整标注球的位置，在明细表中输入相应文字，如图 6-22 所示，保存文件。

图 6-22　调整球标位置

6.4　UG 工程图导出 CAD

UG 工程图导出 CAD 的步骤如下：

(1) 准备好工程图，如图 6-23 所示。

图 6-23　打开工程图

(2) 启动导出 CAD 命令。点击【文件】→【导出】→【AutoCAD DXF】→【DWG】，如图 6-24 所示。

图 6-24　导出 CAD 格式

(3) 在弹出的对话框中设置相应参数,如图 6-25(a)、(b)、(c)、(d)、(e)所示,点击【完成】即可。

(a) 输入和输出

(b) 要导出的数据

(c) 选项

(d) 字体

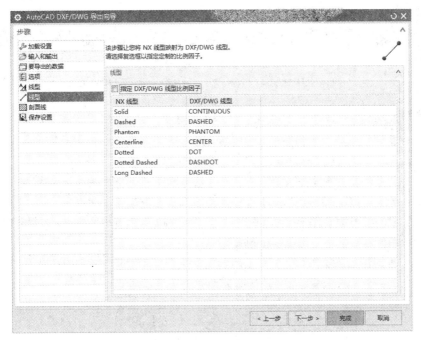

(e) 线型

图 6-25　导出选项

6.5　CAD 导入 UG

CAD 导入 UG 的步骤如下：

(1) 准备好一个 CAD 图档。

(2) 点击菜单【文件】→【导入】→【AutoCAD】，如图 6-26 所示。

图 6-26　导入 CAD 格式文件

(3) 设置相应参数, 如图 6-27 所示, 点击【完成】。

图 6-27　设置参数

参 考 文 献

[1] 洪如瑾. NX7 CAD 快速入门指导[M]. 北京：清华大学出版社，2011.

[2] 洪如瑾，邓兵. UG NX6 CAD 应用最佳指导[M]. 北京：清华大学出版社，2010.

[3] 洪如瑾. UG NX6 CAD 进阶培训教程[M]. 北京：清华大学出版社，2009.

[4] 钟日铭，等. UG NX10.0 入门与范例精通[M]. 2 版. 北京：机械工业出版社，2015.